# 專利實務論

## PATENT PRACTICE 第10版

冷耀世　編著

全華圖書股份有限公司

國家圖書館出版品預行編目（CIP）資料

專利實務論 = Patent practice/ 冷耀世編著 . -- 十版 . -- 新北市：
全華圖書股份有限公司 , 2024.02
　面；　公分
ISBN 978-626-328-842-3( 平裝 )
1.CST: 專利
440.6　　　　　　　　　　　　　　 113000442

## 專利實務論 ( 第十版 )

作　　者｜冷耀世
發 行 人｜陳本源
執行編輯｜蕭惠蘭、何婷瑜
封面設計｜楊昭琅
出 版 者｜全華圖書股份有限公司
郵政帳號｜0100836-1 號
印 刷 者｜宏懋打字印刷股份有限公司
圖書編號｜0905309
十版一刷｜2024 年 2 月
定　　價｜新臺幣 390 元
I S B N｜978-626-328-842-3（平裝）
全華圖書｜www.chwa.com.tw
全華網路書店 Open Tech｜www.opentech.com.tw
若您對書籍內容、排版印刷有任何問題，歡迎來信指導 book@chwa.com.tw

臺北總公司（北區營業處）
地址：23671 新北市土城區忠義路 21 號
電話：(02)2262-5666
傳真：(02)6637-3695、6637-3696

中區營業處
地址：40256 臺中市南區樹義一巷 26 號
電話：(04)2261-8485
傳真：(04)3600-9806（高中職）
　　　(04)3601-8600（大專）

南區營業處
地址：80769 高雄市三民區應安街 12 號
電話：(07)381-1377
傳真：(07)862-5562

　　面臨知識經濟的時代，無體財產權日漸地重要，其中又以專利領域對科技及技術影響最鉅。專利領域涉及到技術、法律、私權、公共利益、經濟與貿易等多個面相，是一項綜合性的工程。在此一領域除了法律上的規定必須依循，最重要的乃在於如何實踐。因此，本書的內容除了說明專利法的法律規定之外，更包括了作者在專利主管機關任職時的審查實務、研究所的學習心得，及在企業內部實際處理案件的經驗。希望藉由對基本制度、重要觀念、實務運作，以及案例解析的闡釋，讓讀者對此一領域有一番新的認識。

　　惟作者涉略及眼界有限，誤謬或疏漏之處難免，請讀者不吝指正。

# 目錄 Contents

# Chapter
# *01*　專利的概念

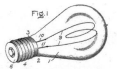

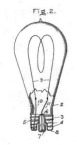

▲ US902032_1904 年獲准的鎢絲
燈泡專利

---

## 學習關鍵字

# 1-1　專利的意義

從西元一四七四年第一部專利法在歐洲的威尼斯誕生，到一六二三[註1]年英國所頒布的「專賣條例」，「專利」一詞所代表的意義是指國王或君主親自簽署、授與的獨占權利證書，地位相當於法律。其中「專利」原文「Letters Patent」（或稱 literae patentes, open letters）係指一種未經密封的證書，具有公開的意思。其原意係指蓋有國璽泥印且不須拆封就可以打開供他人閱讀的一種法律文件。這種法律文件就是現今所稱的專利證書，而專利證書所代表的權利又稱為專利。因此「專利」從不同的角度解釋其具有以下三層不同的意義：

第一層、「專利」係指一項受到法律所保護的技術；第二層、「專利」係指已刊登或公布之專利文獻；第三層、「專利」係指專利權利，係屬於某一個人或企業的智慧財產權。

而本文述及的「專利」係指「專利權」。「專利權」的意義是指一項創新的技術或發現，經由向專利主管機關申請，專利主管機關依照專利相關規定依法審查後，所授予專利申請人之專有的排他性權利。

# 1-2　專利權利說

專利制度在十九世紀中葉曾一度被部分國家所廢止，但隨著專利制度的發展，專利制度逐漸與經濟及技術產生密不可分的關係。專利制度目前是被肯定的，肯定這一制度的學說包括自然權利說、自然受益說、獎勵說、契約說及公共利益說。

## 一、自然權利說

自然權利說認為：發明人對其發明理所當然地擁有壟斷獨占的權利，專利法就是為了保護這種制度而制定。自然權利說認為所有新的構思本來就應該屬於想出該構思的人，國家社會應承認這種構思的財產權。法國專利法前言：「所有新穎的構想，如果其實現或發展有益於社會，該構想應該屬於發明人的。如果不認為發明是發明人的財產，就是侵犯人權。」在自然權利說的理論下，專利權是發明人的自然

---

註1：　1623 年說或 1624 年說，然 1623 年或 1624 年係依據英國舊曆算法或新曆算法而定。Markman v. Westview Instrument, Inc. 52 F.3d 967 C.A.Fed. (Pa.),1995.at 1012.

權利，並非專利法所授予的。發明一旦完成，專利權也就同時成立，專利法的作用僅係確認並且保護這種制度，保證專利權人可以享有這樣的權利。

## 二、自然受益說

自然受益說認為：凡是對於國家或社會有貢獻的人，理應享有根據其貢獻度而獲得利益的權利。因此，如果發明可以帶給國家或社會重大的貢獻，國家或社會就應該給予適當的利益，而該利益就是讓發明人享有獨占專用的權利。

## 三、獎勵說

獎勵說認為：如果不給予發明人獨占其發明的權利，發明人的發明意願將會降低，因此獎勵說可以說是具備了刺激的效果。由於一項發明或技術的創新需要投入大量的時間、金錢與人力，技術是否發展成功有其風險，一旦技術開發成功，若他人可以無償地利用或抄襲，勢必降低創新與發明的意願。整體而言，將影響國家或社會的經濟發展。

因此，為了鼓勵發明與技術的創新，政府以專利制度做為鼓勵的依據與保證，給予發明人具有獨占其發明的權利。

## 四、契約說

契約說認為：專利是國家與發明人之間簽定的一個契約，藉由發明人公開其技術內容，而國家則經由法律的力量授予一定期限的獨占權。有助於技術的傳播，避免重複的研究與花費，可以促進技術和經濟的發展。發明人也得到獨占的對價，取得經濟上的利益。

## 五、公共利益說

我國專利法第一條開宗明義：「為鼓勵、保護、利用發明、新型及設計之創作，以促進產業發展，特制定本法。」即專利法制定的根本目的在促進產業發展，專利權的授予可以鼓勵創造與發明，但其最終目的在於刺激經濟或產業的發展，所重視的是兼顧創造與發明的鼓勵、保護、利用及對於公共利益的貢獻。

就專利制度存在的目的而言，不論肯定此一制度的理論怎麼說，其最終及最貼切的目的就是「鼓勵技術上的創新」。

# 1-3  專利制度的發展

從欽定特權到法定的權利，自壟斷性的權利演變成排他性權利，專利權的授予最終演變成為鼓勵創新及交換技術公開的法律機制。

## 一、王室的特權

在十三至十五世紀時，保護技術的制度主要是王室的權利，一度成為增加王室收入的一種手段，於西元一五六一年到一五九〇年間伊麗沙白一世授予大約五十件有關商品製造及買賣方面的「專權」。例如：肥皂、硝石、明礬、皮革、鹽、玻璃、刀具、帆布、硫磺、澱粉、鐵、紙等，當時專利所授予的唯一權利係禁止他人銷售某種商品，更甚者包括啤酒的運送及進口西班牙羊毛等毫無技術貢獻可言的生活必需品專賣權也包含在內。

直到一六二三年英國頒布「專賣條例」（The Status of Monopolies）[註2]才宣布前述專賣權或壟斷權的授予是違法的、無效的，僅保留了授予新發明十四年的壟斷權利。

根據文獻指出，於十九世紀前所授予的壟斷權包括：一二三六年英王亨利三世授予波爾市民製作色布的壟斷權、一三三一年英王愛德華三世授予紡織技術的壟斷權、一四二一年義大利的翡冷翠王國授予裝有吊掛機的船舶三年的壟斷權、一五八四年威尼斯王國授予伽利略灌溉機二十年的壟斷權。

## 二、工業革命的影響

工業革命前後，由於現代化大量生產的出現，重要機具如蒸汽機所帶來的壟斷，造成人們強烈的不滿與反對，於是出現反對壟斷的議論，專利權的性質變成一種具壟斷性的支配權力；同時，資本家為了使自己的產品在市場上有競爭力，致力於研究和採用新技術，且對於新技術所帶來的經濟利益，倍加關注，並竭力要求壟斷新發明，不准他人隨意侵害，於是發明是一種商品、一種財產的觀念逐漸形成，發明權利的歸屬問題受到了重視[註3]。

---

註2：　或有文獻翻譯為壟斷法，本書以專賣條例稱之。

註3：　於路易十六（1774-1792）時代政策由重商主義轉為重農主義，並於 1776 年廢止「行會制」，開始意識到藉由設計和**發明專利**所得到的壟斷是一種基於心智活動所獲得的精神所有權。賴榮哲，《專利分析總論》，翰蘆出版社，2000 年 8 月，頁 29。

　　工業革命以後，各國紛紛效仿英國建立各自的專利制度，美國於獨立不久後，在憲法中確立了保護專利技術的原則，並於一七九〇年由美國總統喬治華盛頓授予美國第一件專利[註4]，一七九三年由湯瑪士傑佛遜起草美國第一部專利法；法國大革命後，於一七九一年頒布了專利法，並於專利法序言中明確提出無視於他人對於技術發明的專利權就等於無視人權，確立了專利權為人權的地位[註5]。在十八世紀前，專利制度的最終目的在於保護發明人的權利，以權利為中心，與工業革命時期之前相比較，專利制度所授與的專利權已不再是欽賜的特權，而是一種人權或屬民事的權利。

---

註4： 該專利係一碳酸鉀的製程，碳酸鉀又稱草鹼，主要用於肥料的用途。

註5： 費安玲主編，《知識產權法教程》，大陸，知識產權出版社，2003年7月，頁142。

　　自十九世紀初開始，各國陸續頒布專利法制定專利制度。例如：一八〇九年荷蘭頒布專利法、一八一〇年奧地利頒布專利法等，見下（表 1-1）。

表 1-1　各國專利法制度的發展

| 年份 | 專利法制度 |
|---|---|
| 1236 年 | 英王亨利三世授予波爾市民製作色布的技術 15 年壟斷權利 |
| 1331 年 | 英王愛德華三世授予紡織整染技術壟斷權 |
| 1421 年 | 義大利的翡冷翠授予裝有吊掛機的駁船授予 3 年的壟斷權 |
| 1443 年 | 威尼斯授予第一件專利 |
| 1474 年 | 3 月 19 日威尼斯頒布世界上第一部專利法 |
| 1561 年到 1590 年間 | 英國參照威尼斯專利制度授予約 50 件壟斷特權 |
| 1584 年 | 威尼斯授予伽利略灌溉機 20 年專利權 |
| 1623 年 | 英國國會頒布專賣條例，於 1624 年實施，禁止一切王室授權的壟斷行為，僅保留授予發明者的壟斷權 |
| 1790 年 | 美國頒布專利法 |
| 1791 年 | 法國頒布專利法 |
| 1809 年 | 荷蘭頒布專利法 |
| 1810 年 | 奧地利頒布專利法 |
| 1819 年 | 瑞典頒布專利法 |
| 1826 年 | 西班牙頒布專利法 |
| 1840 年 | 智利頒布專利法 |
| 1859 年 | 巴西、印度頒布專利法 |
| 1864 年 | 阿根廷頒布專利法 |
| 1869 年 | 加拿大頒布專利法 |
| 1877 年 | 德國頒布專利法 |
| 1885 年 | 日本頒布專利法 |
| 1944 年 | 我國頒布專利法 |
| 1985 年 | 中國大陸頒布專利法，1986 年實施 |

## 三、現代專利制度的目的

在十三、十四世紀英國，為了擴展貿易、擴大皇室財源大量授予獨占權藉以徵收稅入，至伊麗沙白一世時確立**發明專利**的獨占特權，伊麗沙白一世晚年因皇室財政匱乏，甚至對於非屬發明之物品亦授予獨占特權，直至詹姆士一世因浮濫授予獨占權引起國會反彈，於是國會制定「專賣條例」相抗衡[註6]。

隨著貿易的發展，專利制度從威尼斯傳到英國。一六二三年，英國制定了專賣條例，該條例規定，所要保護的標的是創新工業領域中最早的發明，專賣權僅限於最早的發明者。實際上，該條例的原則規定主要是禁止英王授予獨占性特權，即壟斷權；其在第六條設有一個例外，規定了專利的壟斷權是合法的，即「授予發明人在英國領土內為期十四年專有製造其所發明的新產品或新的生產、製造之方法的特權[註7]。」這些原則和規定，後來被許多國家的專利法所沿用。

直到現代，專利制度的目的不再是為皇室籌措財源的手段，而是對於新發明或新發現授予有限期間的特權。詳言之，現代專利制度的意義：國家以法律為手段，授與發明人一段時間的技術壟斷作為代價，藉以交換技術的公開。其最終目的在藉由鼓勵、保護及利用專利技術的手段以達到促進產業的發展[註8]。

## 1-4 專利權的客體

只要是具體創新的技術或創作皆可能成為專利權的客體。

## 一、我國的規定

專利的種類又稱為專利權的客體，依照被授予專利的種類可分為**發明專利**、**新型專利**及**設計專利**。

其中**發明專利**可分為物的發明及方法發明。物的發明所指的是經過研發過程所產生的新產品、新物質、新材料或物的新用途；方法發明所指的是在產業的製造或生產過程中用以解決某一技術方法所研發出的方法、步驟或流程，通常方法發明是

---

註6： 英國的「專賣條例」直到十八世紀工業革命後始為各國所效仿重視，通說認為該「專賣條例」為現代專利制度的起源。

註7： （Tudors and Stuarts）See http://www.patent.gov.uk/patent/history/fivehundred/tudors.htm。

註8： 我國專利法第一條開宗明義指出，為鼓勵、保護、利用發明、新型及設計之創作，以促進產業發展，特制定本法。因此是藉由鼓勵、保護及利用專利技術的手段已達到促進產業發展的目的。

諸多實施狀態在時間上的排列組合，係與「時間」有關的技術。例如：機檯偵測的方法、物品或物質的製程及軟體在資訊處理裝置中的執行步驟等。

**新型專利**則是指將技術或創作體現於一具體的空間型態，必須具體表現占有一定空間，並具有使用價值和實際用途，而且能被重複製造的物品實體，通常表現在物品的形狀、構造或裝置上。簡而言之，一定是有形的且具備具體的形狀或構造，如伺服器中導風罩的形狀、電腦機殼的開啟構造、筆記型電腦的螢幕旋轉裝置等，凡是不具一定之空間型態的形狀、構造的任何方法則都不屬於**新型專利**的範圍[註9]。

**設計專利**則是指對物品外觀形狀或花紋色彩的創作，如觸控筆、電腦面板、多媒體電腦的外觀形狀。美感的主觀認定已自我國專利法中排除。

對於外觀設計保護之通常概念及外觀設計保護之標的，我國參考國際立法範例，於一百零二年將專利法「新式樣」一詞修改為「設計」；同時，開放**設計專利**關於部分設計、電腦圖像及使用者圖形介面設計（Icons & GUI）、成組物品設計之申請；新增衍生設計制度，並廢止聯合新式樣制度。

部分設計的開放，破除過去「凡是不得單獨銷售者不得為**設計專利**（新式樣）之標的」的限制，而所開放之電腦圖像及使用者圖形介面的設計，則如下圖 1-1 美國**設計專利** USD669499 S1 所示（該設計亦已實際使用於微軟公司的 Xbox 遊戲軟體介面中）。

FIG.1　　　　　FIG.2　　　　　FIG.3

圖 1-1　美國設計專利 USD669499 S1

## 二、中國大陸的規定

中國大陸專利法對於授予專利權的種類及保護技術的對象原則上與我國一致，惟在名稱上略有不同，依據中國大陸專利法第二條規定：「本法所稱的發明創造是指**發明專利**、實用新型和外觀設計。」與我國之規定所不同者在於對外觀設計的審

---

註 9：　呂忠梅，《民事司法疑難問題解答》，中國檢察出版社，大陸，頁 112。

查要件，依據中國大陸專利法第二條第四款規定：「外觀設計，是指對產品的整體或者局部的形狀、圖案或者其結合以及色彩與形狀、圖案的結合所作出的富有美感並適於工業應用的新設計。」由法條觀之，中國大陸之外觀設計授予專利的要件尚包括「富有美感」；我國八十三年一月二十一日修正之專利法已將「適於美感」的主觀要件刪除[註10]，而改為抽象的「視覺訴求」。

## 三、美國的規定

　　美國專利法對於授予專利權的種類及保護技術的對象有**發明專利**、**設計專利**及植物專利。其中對於發明的定義規定：發明所指包括發明或發現；方法係指方法、技術或步驟，及已知方法、機器、製品、物之組合或材料之新用途[註11]。

　　**設計專利**（Design）係指：任何人創作具新穎、原創及裝飾性之產品外觀設計，得依本法之規定及要件取得專利[註12]。

　　美國專利法對於授予專利權的種類及保護技術的對象中沒有所謂的「新型」專利，此差異與多數的國家不同。

## 四、基礎專利與改良專利

　　就專利的內涵而言，又可區分為基礎型專利與改良型專利。基礎型專利指的是在該領域的首創（pioneer）技術，改良型專利在此所指的是對某一既有技術所做的改進或變化，改良型專利呈現的專利型態，可能為發明、可能為新型、亦可能是設計。以現今的技術及專利申請案而言，很難出現完全首創的專利，大多以改良專利為主。

## 五、實質審查與形式審查

　　就專利案件是否經由專利專責機關進行**實質審查**為分別，可分為**實質審查**的專利及**形式審查**的專利。**實質審查**的專利其效力確定，而**形式審查**的專利僅就文件的充分性及說明書與申請專利範圍是否合於程序予以審查，未就技術內容與既有技術做實質的比對，故並未就專利之產業利用性、新穎性及進步性等要件進行審查，其效力不確定，在進行警告時尚須配合技術報告（技術評價書）始得為之。

---

註 10：我國七十五年十二月二十四日修正之專利法第一百十一條規定：「凡對於物品之形狀、花紋、或色彩，首先創作適於美感之新式樣者，得依本法申請專利。」

註 11：美國專利法第一百〇一條。

註 12：美國專利法第一百七十一條。

## 六、技術報告

　　我國自九十三年七月一日起實施之專利法，對於**新型專利**採**形式審查**方式辦理，對於採**形式審查**後的**新型專利**於專利法中明定，**新型專利權人行使新型專利權**時，應提示**新型專利技術報告**進行警告[註13]。**新型專利技術報告**需經申請[註14]（任何人），再由審查人員對申請專利範圍中的每一個請求項進行逐項比對後，做出一評價的結果。其比對的方式就如同**發明專利實質審查**一般。但是**新型專利技術報告**之性質，僅屬行政機關無拘束力的報告而已，並不是行政處分，僅可作為權利行使或實施專利技術的參考。專利的無效仍需經由舉發程序處理。

　　**新型專利技術報告**中，各請求項比對結果代碼的意義如下：

代碼 1：本請求項的創作，參照所列引用文獻的記載，不具新穎性。

代碼 2：本請求項的創作，參照所列引用文獻的記載，不具進步性。

代碼 3：本請求項的創作，與申請在先而在其申請後始公開或公告之發明或新型專利案所附說明書、申請專利範圍或圖式載明之內容相同。

代碼 4：本請求項的創作，與申請日前提出申請的發明或**新型專利**案之創作相同。

代碼 5：本請求項的創作，與同日申請案的發明或**新型專利**案之創作相同。

代碼 6：無法發現足以否定其新穎性等要件之先前技術文獻。

不賦予代碼：說明書或申請專利範圍記載不明瞭等，認為難以有效的調查之情況。

　　對於技術報告的重要性與影響，我國專利法第一百一十七條規定如下：**新型專利權人**之專利權遭撤銷時，就其於撤銷前，因行使專利權所致他人之損害，應負賠償之責。但其係基於**新型專利技術報告**之內容，且已盡相當之注意者，不在此限。其意義在於專利權人行使**新型專利**時如未提出技術報告，若將來該**新型專利**遭人舉發而撤銷時，他人如因專利權人行使該**新型專利**權而發生損害，則該**新型專利權人**須負賠償責任。

　　設若專利權人行使**新型專利**時有提出技術報告且已盡相當之注意，即使將來該專利遭人舉發而撤銷時，不論他人是否因專利權人行使該**新型專利**權發生損害，該**新型專利**權人皆不須負賠償責任。

---

註 13：專利法第一百一十六條。
註 14：專利法第一百一十五條。

# 1-5　專利權的權能

　　就專利制度的發展而言，「獨占」或稱「壟斷」成了歷代有關專利法典的權力核心，但是現代法律中的專利權真的具有「獨占」或「壟斷」的權利嗎？其真意為何？如果真的具「獨占」或「壟斷」的權利，那麼依照自己的專利加以實施，如製造、販賣或使用等，應該不會有受制於人的情況吧？以下就我國專利法規加以說明。

## 一、專有實施權

　　我國於民國七十五年施行之專利法第四十二條第一項規定：「專利權為專利權人專有製造、販賣或使用其發明之權。」就當時專利法所規定的專利權而言，為一種專有製造、販賣或使用其發明之權，對於技術層疊的專利技術而言，愈晚發明的人愈能累積發明技術，產品功能愈佳，因此對於較先取得專利之人的保護顯然是不公平的。

　　而依據我國現行專利法之規定：物品專利權人除本法另有規定者外，專有排除他人未經其同意而實施該發明之權。物之發明之實施指製造、為販賣之要約[15]、販賣、使用或為上述目的而進口該物品之行為。

　　方法發明的實施指使用該方法或使用、為販賣之要約、販賣或為上述目的而進口該方法直接製成之物的行為。

## 二、專有排他權

　　由現行法條內容觀之，專利權是一種「**專有排他權**」但對於初學或初次接觸專利法的人卻常產生的誤解，將獨占權觀念與排他權相混淆，認為我的產品有專利怎麼會侵害他人的專利權？依自己的專利加以實施怎麼會有問題？

　　「**專有排他權**」當然包括了一種由發明人「首創」而沒有利用其他人技術所完成的發明，如果是「首創」的專利，實施起來當然不會有侵權的問題。例如，第一

---

註 15：我國專利法導入「為販賣之要約」的規定係源於外國法上的「offer for sale」，直譯的結果造成法律概念上的誤解。按我國民法第一百五十四條第二項規定：「貨物標定賣價陳列者，視為要約，但價目表之寄達，不視為要約」。對於在報紙、雜誌、商品型錄、賣場廣告等刊物，廣播電台、電視等媒體或廣告看板、樹窗中的陳列等行為其性質上則「不視為要約」。意即，如果貨物直接擺在架上標價賣出，就是屬於要約。如果將貨物之圖像印成商品目錄或價目表（或網路上的行銷廣告），則「不視為要約」，也就不屬於專利法中的「為販賣之要約」。

個發明燈泡的人，依其自己的技術製造燈泡當然不會侵權。但是，隨著科技的發達及技術快速的傳播，這種「首創」技術的存在逐漸變得稀少或不可能。

　　一般非「首創」的專利，創作或發明的本質原則上是基於既有技術的缺失而加以改良，因此，如果既有技術具有專利權，在實施改良專利時將必然會利用到他人的專利（如「首創」的專利）。例如：資訊產業所廣為使用的一種 1394 與雙 USB 組合之組合式連接器，該組合式連接器雖已取得專利權，但是就 1394 及 USB 的個別技術而言，亦具有專利權，是故在使用該 1394 與雙 USB 組合之連接器時必然會利用到 1394 及 USB 的個別專利。

　　因此縱使擁有專利權，且依照自己的專利加以實施仍然可能利用到他人的有效專利，而造成侵權。尤其改良發明它是可以被授予專利的，但是仍有可能侵害到其據以改良且專利權仍為有效的在先專利。

　　再舉較明顯的例子，若某甲具有一「椅子」專利，其申請專利範圍係由可撓性板材所形成之具有一坐墊及靠背的椅子。某乙於日後針對可撓性板材所形成之具有一坐墊及靠背的椅子之專利技術加以改良，新增把手的結構而成為一種具有把手的椅子（圖1-2）。

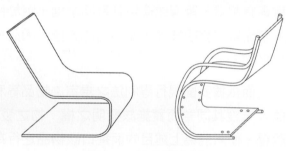

圖 1-2　排他權案例

　　某乙將該新增把手的椅子結構也申請專利並且獲准取得專利權，據此若某乙欲依自己的專利生產椅子，仍將會侵害某甲的專利。相對地若某甲也想製造某乙新增把手的專利椅子結構，則也必須經由某乙的授權或同意始能製造。

# 1-6　專利權的特性

　　專利權有三個主要特性：(1) 法律審查；(2) 地域性；(3) 時效性。

1. 法律審查：一項技術的發明或創新不是自動地受到法律保護，而需經過各國主管機關的審查始能受到專利的保護，目前各個國家對於**發明專利**仍採**實質審查**，對於**新型專利**則多採登錄制、註冊制或採**形式審查**制[註16]，**實質審查**與**形式審查**

---

註 16：我國**新型專利**亦自 2004 年 7 月 1 日起採**形式審查**。

的差異包括：**實質審查**必須經由專利審查委員就技術內容實際比對後，做出核准專利或核駁的行政處分，而**形式審查**則是申請文件齊備後，通常於四個月左右即可獲准領證。

就法律效果而言，經過**實質審查**的案件權利較為確定，因為其專利要件已經過審查機關審理、比對，申請專利範圍已經確定；然就**新型專利**而言，由於任何申請案只要形式上合於格式的要求皆可取得專利證書，為防止權利的濫用，**形式審查**的案件即使領有證書，仍須取得一份官方的新型技術報告[註17]，始得進行警告，其權利狀態較不確定。

2. 地域性：在各種廣告媒體中或許會發現某種產品聲稱其具有「世界專利」或「全球專利」，然而實際上，專利權的保護係採「**屬地主義**」[註18] 也就是欲在什麼國家尋求保護就必須在該國提出專利申請，並無所謂的「世界專利」或「全球專利」[註19]。例如：僅具有美國專利權者並不能在臺灣主張其專利權，必須在臺灣及美國同時具有專利權才能在兩地主張專利權[註20]。

3. 時效性：一旦獲准專利取得證書，並不表示永遠擁有該項技術的專利權，依照各國專利法的規定，依專利的類型所保護的年限各有不同（請參見表 1-2），我國在幾次重要修法時亦參酌國際公約對於專利保護年限有所調整，如我國六十八年四月十六日修正之專利法對於**專利權期限**之規定為：**發明專利**，自公告之日起十五年，但自申請之日起不得逾十八年；**新型專利**，自公告之日起十年，但自申請之日起不得逾十二年；新式樣專利，自公告之日起五年，但自申請之日起不得逾六年。直至八十三年一月二十一日修正之專利法對於**專利權期限**之規定修正為：**發明專利**，自申請日起算二十年屆滿；**新型專利**，自申請日起算十二年屆滿；新式樣專利，自申請日起算十年屆滿。八十六年五月七日修正公布之專利法將新式樣**專利權期限**修正為自申請日起算十二年屆滿。一百零二年一月一日施行之專利法將新式專利修正名稱為**設計專利**。

---

尚須注意的是，專利的有效性除了技術本身的專利要件需經得起考驗外，專利年費必須按時繳納，逾期繳納則限期依比例加繳，再逾期則該專利無效，將成為公共財，免費供社會大眾利用[註21]。各個主要國家對於專利類型及審查方式與**專利權期限**各有不同，茲表列如下（表 1-2）：

表 1-2　各主要國家對於各種專利類型的審查方式與專利權期限一覽表

| | 發明 | 新型 | 設計 |
|---|---|---|---|
| 臺灣 | 20 年（實質審查） | 10 年[註22]（形式審查） | 15 年（實質審查） |
| 美國 | 20 年[註23]（實質審查） | | 15 年[註24]（實質審查） |
| 中國 | 20 年（實質審查） | 10 年（形式審查）（實用新型） | 15 年（形式審查）（外觀設計）(2018 年修法，2019 年實施) |
| 日本[註25] | 20 年（實質審查）（特許） | 10 年（形式審查）（實用新型） | 20 年（實質審查）（意匠） |
| 歐盟 | 20 年（實質審查） | | 25 年[註26]（形式審查） |

---

註 21：過去曾有不少案例因逾期未繳納專利年費而導致專利無效，即使提起訴願及行政訴訟皆於事無補。高等行政法院八十六年度判字第二三〇四號參照。

註 22：我國自 2002 年 7 月 1 日起將原採**實質審查**之**新型專利**改採**形式審查**，於 2002 年 7 月 1 日之後核准之**新型專利**其專利權限為申請日起算 10 年。

註 23：美國專利法規定，於 1995 年 6 月 8 日前提出申請之**發明專利**其**專利權期限**為自公告之日起 17 年。1995 年 6 月 8 日以後提出申請之專利案，其**專利權期限**一律改為自申請日後 20 年。1995 年 6 月 8 日以前提出申請，至 1995 年 6 月 8 日時仍在（a）審查中或（b）專利有效期間者，其**專利權期限**為自申請日後 20 年，或獲准日後 17 年，擇其中較長者。

註 24：美國**設計專利**之**專利權期限**於 2015 年 5 月 13 日前申請者其**專利權期限**為自公告之日起算 15 年；2015 年 5 月 13 日之後申請者其**專利權期限**為自公告之日起算 15 年。

註 25：日本自 2005 年 4 月 1 日起其實用**新型專利**與設計專利（意匠）有所變革，於該日起所申請之實用**新型專利**得於申請日起三年內改為**發明專利**。實用新型之**專利權期限**，則自申請日起原來的 6 年改為 10 年；設計**專利權期限**自公告之日起算 15 年，現行法則規定設計**專利權期限**自公告之日起算 20 年。

註 26：歐盟設計之**專利權期限**為自申請之日起 5 年，期滿每次可申請展延，每次 5 年，最長 25 年。。

# 1-7 專利申請權及專利權歸屬

除了個人發明之外,有關專利申請權及專利權歸屬主要可分為以下三種類型(表 1-3)。

1. **職務上發明**:企業的內部員工即受雇人,於雇傭關係中所完成的職務上的發明、新型或設計,稱為**職務上發明**,其專利申請權及專利權屬於企業也就是雇用人的。

2. 非職務上發明:受雇人(員工)完成與工作無關的發明、新型或設計,其專利申請權及專利權屬於受雇人。但若其發明、新型或設計係利用雇用人(企業)資源或經驗者,雇用人(企業)得於支付合理報酬後,於該事業實施其發明、新型或設計。受雇人(員工)完成非職務上之發明、新型或設計,應即以書面通知雇用人,如有必要並應告知創作之過程。雇用人(企業)於書面通知到達後六個月內,未向受雇人(員工)為反對之表示者,不得主張該發明、新型或設計為**職務上發明**、新型或設計。

3. 委託設計開發(Original Design Manufacture,簡稱 ODM):這種關係就是一方出資聘請他人從事研究開發的類型,專利申請權及專利權之歸屬以契約約定為優先,契約若未約定,則屬於發明人、新型創作人或設計人(受託方)。出資方(委託方)得實施其發明、新型或設計。另一種代工生產(Original Equipment Manufacturer,簡稱 OEM)的模式雖無專利權歸屬的問題,但是仍需注意被代工廠搶先申請所產生的法律問題。

表 1-3　有關專利申請權及專利權歸屬

| 類型 | 專利權原則上之歸屬 | 例外之歸屬 |
| --- | --- | --- |
| 個人發明、新型或設計 | 個人創作人 | 受讓人或繼承人 |
| 職務上發明、新型或設計 | 雇用人(公司) | 有契約約定從其約定 |
| 非職務上發明、新型或設計 | 受雇人(員工) | 雇用人得支付合理報酬使用 |
| 出資聘請他人完成之發明、新型或設計 | 依契約約定 | 無契約約定者歸屬創作人。但出資人得實施其發明、新型或設計 |

### 自然人和法人

自然人，係指能夠享受權利和負擔義務的個人。自然人的概念包括依法享受公民權的公民，及域內居住的外國人和無國籍人士。

法人，係指法律擬制具有民事權利能力和民事行為能力，依法獨立享有專屬於自然人之權利義務之外的權利和負擔義務的團體。一般而言，法人應具備以下四個條件：(1) 依法成立並經主管機關核准；(2) 有必要的財產與經費；(3) 有自己的名稱、組織機構和場所；(4) 能夠獨立承擔民事責任。

法人可分為公法人及私法人，公法人包括國家、地方自治團體及農田水利會。私法人包括如工會、農會、同業公會、公司、銀行及合作社等的社團法人；及寺廟、慈善團體、基金會及私立學校等財團法人。

## 問題與思考

1. 肯定專利制度的學說有哪些？

2. 現代專利制度的意義及最終目的為何？

3. 請說明發明專利中，物的發明及方法發明的意義為何？

4. 新型專利的意義為何？

5. 美國專利法對於發明的定義為何？

6. 依據我國現行專利法的規定物品專利權人的權利為何？

7. 只要我有專利且依照我自己的專利加以實施是否就一定不會侵權？為什麼？

8. 專利權有哪三個主要特性？

# 2 專利申請與法定的限制

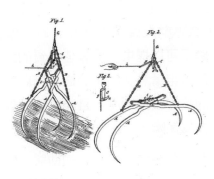

▲ US29948_1860 年獲准的乾草
提爪專利

## 2-1　專利申請

申請專利可以自行為之，也可以委託專利事務所辦理，依照專利法的規定，除了在本國無住所或營業所的外國人或企業，應委任專利代理人辦理之外，並無強制代理的規定。

企業委託事務所申請專利的主要考量包括：(1) 專業的分工；(2) 人事費用的成本；(3) 程序管理及期限的監控。

因為申請專利除了技術的掌握之外，對於相關申請國家或地區的法令、規章都必須熟練，企業通常只需維持少數專業人員作為技術溝通及專利管理的工作即可[註1]，委託有經驗的專利事務所，除了可以提供一份較佳品質的說明書及申請專利範圍外，對於所要保護的技術亦可藉由申請專利範圍的適當布局得到最佳的保護。此外有經驗的專利事務所對於案件的控管較具制度，且與國外代理人之間較能掌握相互配合的默契，對於發明人而言較具保障。

更重要的是，對於將來執行專利權利時也有相當大的助益。例如：一件專利申請案同時申請臺灣案及美國案，在美國的專利申請案尚未領證前，臺灣案件已經初審核駁，該核駁的事實必須陳報美國專利商標局，如果故意遺漏此一程序，即使美國專利獲准，亦可能導致日後該專利案的不可執行[註2]，得不償失。

## 2-2　專利代理

我國專利法第十一條第一項規定：申請人申請專利及辦理有關專利事項，得委任代理人辦理之。意即申請人申請專利及辦理有關專利事項可以委任代理人辦理亦可不委任代理人辦理（自行辦理）。又同條第二項規定：在中華民國境內，無住所或營業所者，申請專利及辦理專利有關事項，應委任代理人辦理之。主要係規定在國內無住所或營業所者的外國人或外國廠商應委任代理人辦理。

---

註1：　少數個案如鴻海公司擁有二百餘位的專利法務人員。

註2：　專利不可執行並非專利無效，主要因為專利權人於取得權利或行使權利時有欺騙或濫用行為時，法院不代專利權人行使專利權。惟此一制度僅見於美國。

關於中國大陸人民申請專利及商標註冊，其在臺灣地區有住所或營業所者，亦得不委任代理人自為申請[註3]。

## 一、專利代理的概念

我國民法第一百〇三條第一項規定：「代理人於代理權限內，以本人名義所為之意思表示，直接對本人發生效力。」而**專利代理**的意義是指專利代理人接受委任人的委任，以委任人的名義，在委託書所記載的授權範圍內，代替委任人辦理專利申請的相關事務，其法律效果直接對委任人發生效力的法律制度。依我國專利法之規定，接受委託的是「專利代理人」而非所謂的「專利事務所」[註4]，但實務上與委任人接洽者通常係「專利事務所」的「接案人員」[註5]。

於**專利代理**業務中，委任人的種類包括 (1) 專利申請人，委託辦理專利申請的相關事務；(2) 利害關係人，委託辦理專利檢索、專利侵權分析或專利舉發的相關事務；(3) 專利權人，委託辦理領證、專利年費繳納、專利侵權分析或舉發答辯等相關事務。

## 二、選擇專利事務所

承辦專利申請的相關業務之事務所小自個人事務所，大至數百人的國際性事務所，而選擇事務所的考量因素通常包括：(1) 相關的法律服務；(2) 承辦經驗；(3) 規模；(4) 收取費用的高低；(5) 服務的品質；(6) 智慧財產權訓練與相關研討會服務。

就個人發明家而言，找尋一家口碑好、價格合理及服務品質佳的中小型事務所較符合經濟效益，由於中小型事務所規模不大，人事成本較低，收費較為合理，積案較少，可以在較短時間內送件申請，取得較早的申請日。

我國**專利師**法自民國 97 年 1 月 11 日開始施行。**專利師**考試由考選部依據專門職業及技術人員考試法第 14 條規定，訂定「專門職業及技術人員高等考試專利師考試規則」，並據以辦理考試。第一屆**專利師**考試日期為民國 97 年 8 月 21 日至 8 月 25 日。根據「專門職業及技術人員高等考試**專利師**考試規則」第 5 條規定，應

---

註3：　因兩岸經貿往來日益頻繁且「海峽兩岸智慧財產權保護合作協議」亦於九十九年九月十二日生效，因應法令及實務發展，放寬原需委任代理人辦理之規定。

註4：　依據中國大陸專利法第十九條規定：「在中國沒有經常居所或者營業所的外國人、外國企業或者外國其他組織在中國申請專利和辦理其他專利事務的，應當委託國務院專利行政部門指定的**專利代理**機構辦理。」因此向中國大陸國家知識產權局所委託辦理的受委託者是「專利代理機構」而非「專利代理人」。此依規定與我國不同。

註5：　我國專利事務所或有稱業務或稱營治，或由專利工程師接案。

考資格為具有專科以上學校理、工、醫、農、生命科學、生物科技、智慧財產權、設計、法律、資訊管理等相關學院、科、系、組、所、學程畢業，領有畢業證書者；另普通考試技術類科考試及格，並曾任有關職務滿四年，有證明文件者，亦可應考。應試科目共計 6 科，包括專利法規；行政程序法與行政訴訟法；專利審查基準與專利申請實務；微積分、普通物理與普通化學；專業英文或專業日文；工程力學或生物技術或電子學或物理化學或基本設計或計算機結構。

## 三、專利事務所種類

處理專利相關事務的人及事務所的種類包括有：

1. 文件代收人（事務所）：此類人或事務所可能僅個人或二、三人，以事務所名義經營業務，但實際上專處理代收文件的業務，在專利相關事務上除法院（包括行政法院）出庭之外，其他一切的文書收送皆可由文件代收人處理。

2. 借牌事務所：通常由從事專利相關事務之人員自組的事務所，但無代理人直接執業而是經由借牌方式經營事務所，送進智慧局審查之專利案件，以所借牌之專利代理人名義代理。

3. 法律事務所：由於智慧財產權日益重要，業務蓬勃，部分過去以訴訟為主的法律事務所，聘請專利工程師後，一併經營專利相關業務，此類事務所多由合夥律師組成，代理人係以律師直接取得之專利代理人資格者為之。

4. 專利商標事務所（智慧產權事務所）：經營項目以專利、商標及著作權等智慧財產權的相關業務為主。係由專利代理人、律師及多個領域的專利工程師所組成，部分事務所又配置有以業務為主的「接案人員」。此類事務所又分歷史悠久的大型事務所、中型事務所、十人以下的小型事務所。

5. 智慧產權公司：在風險及責任承擔的考量下，部分專利商標事務所以公司型態經營智慧財產權的代理及管理業務，其實質的業務內容與專利商標事務所相同。

# 2-3　法定不予專利的標的

專利所保護的標的，在維護公共利益、健康及秩序的前提之下，並非所有的創新或改良皆可成為專利的標的。

從反面而言，除去**法定不予專利的標的**，皆為可以專利的標的。

## 一、發明專利

就發明專利而論，我國專利法規定不予發明專利標的包括：(1) 動、植物，例如：新品種的貓或狗、新品種的花卉、樹木；(2) 人體或動物之診斷、治療或外科手術方法。例如：治療心臟病的方法或開刀的方法；(3) 妨害公共秩序或善良風俗者。例如：占車位的方法，打麻將的玩法[6]。

## 二、新型專利

由於我國新型專利已不再採實質審查，故專利法僅規定新型有妨害公共秩序或善良風俗者，不予新型專利。另於專利審查基準規定，新型創作之商業利用，例如：吸食大麻之用具[7]，即屬妨害公共秩序或善良風俗者。惟新型創作之商業利用不會妨害公共秩序或善良風俗者，即使該創作有被濫用而有妨害之虞，仍非屬**法定不予專利的標的**，例如：各種棋具、牌具等。

## 三、設計專利

就設計專利而論，專利法規定不予專利的標的包括：(1) 純功能性設計之物品造形。例如：剪刀供手指扣持及施力的鏤空形狀；(2) 純藝術創作或美術工藝品。例如：一幅油畫或水彩、雕刻品，其不具再現性，既使由原作者再創作一次，結果都會不同，所以無法給予專利的保護[8]；(3) 積體電路電路布局及電子電路布局。因為另有積體電路電路布局保護法保護；(4) 物品妨害公共秩序或善良風俗者。例如：花紋為妨害善良風俗的猥褻圖案；(5) 物品相同或近似於黨旗、國旗、國父遺像、國徽、軍旗、印信、勳章者（此款於民國一百零二年施行之新法刪除）。

---

註 6：　至於博弈器具或裝置本身，則是可以為專利的標的，例如：大型電動玩具的電路、結構，骰子的形狀、構造。

註 7：　吸食大麻在我國屬違法行為，但於部分北歐國家則屬合法行為。

註 8：　創作完成時就受到著作權的保護。

## 2-4　專利申請的技巧

對於**法定不予專利的標的**，在其相關領域的技術是否就完全不能受到專利的保護？例如：燙頭髮的方法或技巧不受專利的保護，但是對於燙頭髮的相關領域如燙頭髮的藥水配方、髮捲的形狀構造仍可授予專利，在醫療手段中，開心臟的手術方法、把脈、開刀的方法也是**法定不予專利的標的**，若在其相關的醫療設備或輔助結構上有所創新，如心導管手術的導管結構、可供判斷身體狀況之晶片等皆可以成為受到專利法所保護的技術。

在**法定不予專利的標的**下如何才可以受到專利的保護（表 2-1）？

表 **2-1**　可專利標的之申請

| 不可以受到專利保護 | 可以受到專利保護 |
| --- | --- |
| 1. 新品種的花卉、樹木 | 1. 植物的育成方法 |
| 2. 燙頭髮的方法、技巧 | 2. 燙頭髮的藥水配方、燙頭髮的髮捲 |
| 3. 開心臟的手術方法、把脈、開刀的方法 | 3. 心導管手術的導管結構、可供判斷身體狀況之晶片 |
| 4. 科學原理數學方法抽象的概念、畢氏定理、建構式數學單存理論、學術階段的研究 | 4. 眾多數學方法所取得之數據形成之探勘的方法、將理論運用形成測量儀器 |
| 5. 大風吹遊戲、接龍遊戲、跳房子遊戲 | 5. 將遊戲應用於電腦程式中（例如：韓國 NC SOFT 公司取得臺灣第 245660 號發明專利「用於提供線上遊戲之方法及裝置」） |
| 6. 占車位的方法 | 6. 告示牌架體結構 |
| 7. 7-11 做生意的方法 | 7. 網際網路中形成系統化交易的方法 |

## 2-5　軟體專利

軟體或電腦程式其實是一種數學公式，是一種演算法，因此在直觀上電腦程式的發明是屬於專利法中所謂的數學公式，不應授予專利[9]。但是受到美國的影響，

---

我國於民國八十七年參考了美、日之規定，公告電腦軟體相關發明之審查基準。在審查基準中接受電腦軟體以「物之發明」、「方法發明」及「紀錄媒體形式之發明」等三種方式申請專利：

1. 物之發明，係指將電腦軟體（電腦程式）與設備結合的發明類型。例如：利用微電腦操控的電冰箱、洗衣機或冷氣機等，利用電腦軟體（電腦程式）搜集回傳的資訊加以分析，進而調整裝置或機械的運作者。

2. 方法發明，係指經由一系列的指令結合在一起的電腦軟體（電腦程式），以達到處理特定事項的功能，亦即為處理特定事項的方法發明。本類型的重點在於電腦軟體（電腦程式）必須在電腦外（電腦處理前或電腦處理後）或電腦內產生具體轉換或動作。例如：一種稱為熱鍵（Hot Key）的專利型態，即當按下鍵盤上的某一鍵時，會經由一連串指令結合而啟動某一功能如播放光碟機或進行列印、攝影等，此即為產生具體的動作。

3. 紀錄媒體形式之發明，係指將電腦軟體（電腦程式）紀錄在電腦可讀取的媒體上，於電腦進行處理時，與電腦產生功能上或結構上的交互關聯者，屬物之發明的特殊類型。也就是說，電腦軟體（電腦程式）不需要再以與特定硬體結合之方式申請專利，可以直接紀錄在儲存媒體上單獨申請此種特殊物之發明專利。例如：MPEG-3（MP3）、MPEG-4 等透過電腦進行處理音訊或影像資訊而可在電腦或其他播放存取裝置上撥放聲音或影像等。

近年來因 AI（人工智慧）、大數據等技術蓬勃發展，帶動各領域新型態之應用與發明，電腦軟體相關發明專利申請案件亦隨之增加，為符產業變化及保護創新之需求，同時檢討我國電腦軟體相關發明的審查一致性，我國智慧財產局於 110 年 6 月 9 日發布「電腦軟體相關發明審查基準」並於 110 年 7 月 1 日起正式施行。

根據新基準的規定：凡申請專利之發明實現時以利用電腦軟體為必要者，為電腦軟體相關發明。申請電腦軟體發明專利已經不再限於過去的三種方式。

## 問題與思考

1. 我國不予發明專利的標的有哪些？
2. 我國不予新型專利的標的有哪些？
3. 我國不予設計專利的標的有哪些？
4. 企業委託事務所申請專利的主要考量為何？

# 專利申請格式

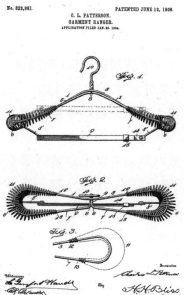

▲ US822981_1904 年獲准的避免衣服變型的衣架專利

# 3-1　申請專利之必要文件

　　每一項智力的成果未必可以被保護或成為一種財產，專利權利的取得係經由法律所創設，成為一種智慧財產權。因此，將技術轉變成為一種智慧財產，必須符合法律的規定，達到法律的目的，才能成為一種權利。

## 一、必要文件

　　專利申請格式在必要文件上包括：(1) **申請規費**；(2) **申請書**；(3) **宣誓書**[註1]；(4) 申請權讓與證明書【現行法刪除此一文件要求，立法理由：「按申請人提出專利申請時已於**申請書**上表彰其具有申請權，於採先發明主義之國家，例如：美國，方有為表彰繼受申請權之申請人已自發明人處取得申請權，檢附申請權證明文件之必要；而於採先申請主義之國家中，多數均無須於提出申請時即附具申請權證明文件之規定，例如：日本、中國大陸及歐洲專利公約（EPC）等，爰予刪除。」】及 (5) **專利說明書**。

1. **申請規費**：為官方行政管理費用，歸屬國庫，一旦溢繳，官方將以國庫支票退費。

2. **申請書**：主要記載申請人之基本資料，如係個人申請，**申請書**上需由申請人簽章，法人申請則需蓋公司大、小章。

3. **宣誓書**：在二〇〇四年七月之前發明人必須宣誓其發明並非抄襲或剽竊他人的發明或創作，否則願受法律制裁。

4. 申請權讓與證明書：發明人與申請人不同時，發明人必須簽署申請權讓與證明書表示讓與申請人申請。（民國 102 年施行之專利法刪除）

5. **專利說明書**：舊法規定，廣義的**專利說明書**包括說明書、申請專利範圍及圖式等主要部分，2012 年施行之專利法將申請專利範圍及**摘要**獨立於說明書之外，說明書內容僅餘發明名稱及發明說明。說明書的記載項目包括發明名稱、技術領域、先前技術、發明內容、圖式簡單說明、實施方式及符號說明[註2]。

---

註 1：　我國專利法規定於 2004 年 7 月 1 日之後廢止**宣誓書**要件。

註 2：　參見專利法施行細則第十七條。

## 二、申請日的意義

申請專利，以**申請書**、說明書、申請專利範圍（設計專利除外）及必要之圖式齊備之日為申請日。

申請日具有以下意義：

1. 為判斷申請先後之客觀標準。

2. 為申請案專利要件的判斷基準日（如有主張優先權以優先權為主）。

3. 為法定期限的起始日，例如：主張優先權的起算日、新穎性寬限期的起算日、發明早期公開的計算起算日、發明專利請求實審期限起算日、專利權期限起算日。

# 3-2　發明與新型之專利說明書

說明書的記載項目包括**摘要**、指定代表圖、代表圖之元件代表符號簡單說明、發明或新型所屬之技術領域、先前技術、發明或新型內容、實施方式、圖式簡單說明。

1. **摘要**：主要係供國際間專利資料的交換，並可讓審查委員可以快速的了解技術概況，故應敘明發明或新型所揭露內容之概要，並以所欲解決之技術問題、解決問題之技術手段及主要用途等，在字數上以二百五十字以內為原則且不得記載商業性宣傳用語[註3]；而**摘要**本身不具有法律效力，且並非所欲保護的範圍，故不宜將申請專利範圍直接轉載。一百零二年施行之專利法第二十六條第三項更明定其不得被用於決定揭露是否充分，及申請專利之發明是否符合專利要件。

2. 指定代表圖：必須選取最能突顯本案技術之代表圖式，切勿以習知圖式指定之。

3. 代表圖之元件代表符號簡單說明：對於指定代表圖中與技術有關之元件將其符號與元件名稱做一清晰的對照說明。

4. 發明或新型所屬之技術領域：例如：有關光碟機之殼體的改良，即應說明本技術主要係針對有關光碟機之殼體某一部分所為之改良。

---

註 3：　我國專利法施行性細則第二十一條請參照。中國大陸專利法實施細則第二十三條則規定**摘要**的文字部分不得超過 300 字。

5. 先前技術：就申請人所知之先前技術加以記載，並得檢送該先前技術之相關資料。例如：若專利申請案係有關光碟機托盤結構的改良，即應就既有之光碟機托盤結構的先前技術資料加以記載，通常以專利公報中之最相關技術為先前技術，或就所欲改良之習知技術加以記載。

6. 發明或新型內容：發明或新型所欲解決之技術問題、解決問題之技術手段及對照先前技術之功效。此一部分逐項先就過去在相關技術領域中所遭遇的問題或技術瓶頸、本發明所欲解決的問題、本發明之主要目的、次要目的、習知技術與本發明之差異、本發明所產生的功效及技術貢獻等逐一敘述。

7. 實施方式：就一個以上發明或新型之實施方式加以記載，必要時得以實施例說明；有圖式者，應參照圖式加以說明。在敘述實施方式時，通常依圖式逐一參照說明，再以不同實施例個別敘述，對於各個元件或單元之間的相對關係必須說明清楚。

8. 圖式簡單說明：凡有圖式者，應以簡明之文字依圖式之圖號順序說明圖式及其主要部分之代表符號。讓審查委員得以清楚技術內容，元件之後緊接元件符號有助於對技術的了解；元件符號間的安排以主要元件為首，如 1、2、3，主要元件中的其他部件以層級及接續方式標示如 11、12、13；111、112、211、311 等。

  元件符號間的較佳安排參見（圖 3-1），該圖為我國專利公告第 TW588844U 號專利案之第五圖。

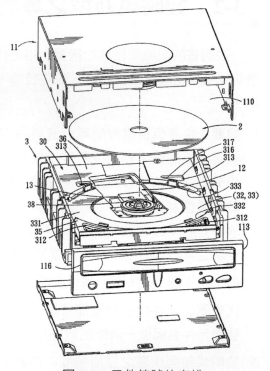

圖 3-1　元件符號的安排

## 3-3　設計專利之專利說明書

　　設計專利之說明書與發明及新型專利之說明書之記載內容有所不同，設計專利之說明書由原稱「專利圖說」改為說明書，申請文件除**申請書**之外，應具備說明書及圖式（不須記載「申請專利範圍」），其中說明書應載明內容包括：

1. 設計名稱：應明確指定所施予之物品不得冠以無關之文字。部分設計名稱可為「何物品之何組件」或「何物品之部分」，例如：「汽車之門板」或「汽車門板之部分」。

2. 物品用途：指用以輔助說明設計所施予物品之使用、功能等敘述。

3. 設計說明：指用以輔助說明設計之形狀、花紋、色彩或其結合等敘述。若有圖式揭露內容包含不主張設計之部分應敘明；應用於物品之電腦圖像及圖形化使用者介面設計有連續動態變化者，應敘明變化順序；各圖間因相同、對稱或其他事由而省略者亦應敘明。如有因材料特性、機能調整或使用狀態之變化，而使設計之外觀產生變化者、有輔助圖或參考圖者或以成組物品設計申請專利者，其各構成物品之名稱於必要時得於設計說明簡要敘述之。

4. 圖式：設計之圖式，應具備足夠之視圖（得為立體圖、前視圖、後視圖、左側視圖、右側視圖、俯視圖、仰視圖、平面圖、單元圖或其他輔助圖），以充分揭露所主張設計之外觀；設計為立體者，應包含立體圖；設計為連續平面者，應包含單元圖。圖式應參照工程製圖方法，以墨線圖、電腦繪圖或以照片呈現，於各圖縮小至三分之二時，仍得清晰分辨圖式中各項細節。如有主張色彩者，圖式應呈現其色彩。圖式中主張設計之部分與不主張設計之部分，應以可明確區隔之表示方式呈現（例如：實線與虛線）。標示為參考圖者，不得用於解釋設計專利權範圍。

## 3-4　發明及新型專利之圖式

　　以一般之機構申請案而言，圖式可以將所欲保護的技術特徵清楚呈現，對於審查委員而言，有利於對技術的掌握。因此對於圖式有特殊的規定，一般以手繪的圖式將被要求重新繪製。依專利法施行細則之規定，發明或新型之圖式，應參照工程製圖方法繪製清晰。

圖式與說明書的內容息息相關，如何流暢清楚的表達出發明的構成，圖式的安排具有重要地位。通常圖式的安排順序如下：1. 習知圖→ 2. 主要部分分解圖或剖面圖→ 3. 主要部分組合圖→ 4. 全部組合圖（整體外觀示意圖）→ 5. 細部示意圖→ 6. 動作示意圖。

圖式應加以編號[註4]如「圖一」或「第一圖」，對於圖式中元件之標號應當使用阿拉伯數字順序編號，其中標號所代表之元件在說明書、申請專利範圍、圖式簡單說明及**摘要**中應一致。

圖式中不得含有解釋性文字，但於流程圖或方框圖[註5]中可含有簡明的註記。至於圖式應清晰的程度，我國專利法施行細則第二十三條規定：發明之圖式，應參照工程製圖方法繪製清晰，於各圖縮小至三分之二時，仍得清晰分辨圖式中各項細節。

右圖為我國專利公告第 TWI597039B 號專利之第四圖（圖 3-2）。

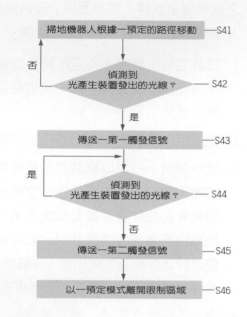

圖 3-2　圖式中含有簡明註記之流程圖

## 問題與思考

1. 發明與新型專利之說明書的記載項目包括哪些？
2. 試述摘要應記載內容及其功能為何？
3. 試述申請日的意義有哪些？

註4：　中國大陸之實務上要求標示阿拉伯數字順序編號如「圖 1」。
註5：　一種步驟上的說明以方框表示下一步驟者。

# 說明書與申請專利範圍撰寫

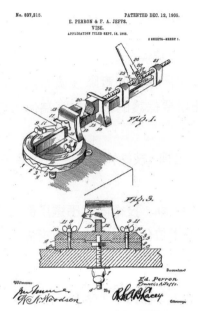

▲ US807315_1905 年獲准的箝具
專利

## 學習關鍵字

## 4-1　撰寫專利說明書的原則

　　說明書係揭露技術內容之主要文件，為公開技術取得排他權利的對價的依據，因此說明書必須對發明或創作內容做出清楚且完整的說明，使熟悉該項技術者可以實現，也就是必須充分揭露。

　　為求說明書的充分揭露，在撰寫專利說明書的過程中有以下三原則：

1. 標的明確：清楚地說明技術內容係要解決什麼技術問題，克服了什麼技術障礙，為了解決該等技術問題或技術障礙所採用的實際技術方案，以及這些實際技術方案所產生的效果或功效，真正所要保護的技術內容為何，切勿以包山包海的心態而迷失方向。

2. 內容一致：說明書中所出現的元件名稱，技術特性及相對關係等，必須前後一致，不能無中生有或前後矛盾。

3. 用詞精準：說明書中所記載的元件名稱、技術內容應選用最為直接相關的名稱，不應含糊籠統、模稜兩可或過度的**上位化**，而形成一種模糊而空洞的技術內容。

## 4-2　申請專利範圍的意義與格式

　　**申請專利範圍**係整份說明書中的靈魂，其明確界定了該發明所保護的範圍，「**申請專利範圍**」其實是一種「權利的主張」，中國大陸稱為「權利要求」較接近實際的意義，過去曾有發明人自行提出專利申請，由於詞意上的混淆，在「**申請專利範圍**」記載著「中國大陸及臺灣」可見「**申請專利範圍**」中「範圍」有地域、限界的意義，容易造成誤解。

　　「**申請專利範圍**」並非隨著專利說明書一起創設的，在一七九三年美國所頒布的第一部專利法中，對於發明說明書的要求僅包括：(1) 充分揭露發明內容；(2) 說明該發明與既有技術區別。以便讓該技術領域者可以製造組成或利用該發明[註1]。直

---

註1：　University of Rochester v. G.D. Searle & Co., Inc. 375 F.3d 1303 C.A.Fed. (N.Y.),2004.at 1309.

到一八三六年所修正的專利法中才明確規定申請人必須以「**申請專利範圍**」清楚的界定其排他權利[註2]。

**申請專利範圍**係歸納自專利說明書所揭露的技術內容，**申請專利範圍**的意義在於能明確地以文字表達所欲尋求保護的權利範圍。也就是將所欲主張權利的技術內容以文字加以描述，而所有的文字將可能是一種限制條件，文字愈多，限制條件就愈多。

**申請專利範圍**的撰寫格式有分為**單句式、多段式、吉普森式、馬庫斯式、手段或步驟功能用語式及三段式**。

## 一、單句式

**申請專利範圍**以直接敘述構成要件的方式表現。

例如：一種學步車結構，包括一底盤與頂框所組成，並在底盤與頂框間樞設有連結桿，且在底盤之底面組設有滾輪，而該底盤係由前、後框架與左、右框條所組成。

## 二、多段式

**申請專利範圍**係將各個構成要件一一列式並敘述構成要件間的相對關係。

例如：一種學步車結構，包括一底盤，係由前、後框架與左、右框條所組成；一頂框，與該底盤間樞設有連結桿；複數個滾輪，係組設於該底盤之底面。

## 三、吉普森式

「**吉普森式**」（Jepson Type）**申請專利範圍**請求項的撰寫方式，為實務上較常用的**申請專利範圍**請求項的記載形式，其具有將習知技術與本案發明的特點做明顯區分的效果。**申請專利範圍**請求項的前段為前言及構成要件主體，後段以「其特徵在於」強調發明的特點，其記載形式為：「前言⋯⋯（構成要件主體）；其特徵在於⋯⋯（發明的特點）」。

---

註2：　「The word "Claim" first appeared in the Act of 1836, ch. 357, § 6, 5 Stat. 117 (July 4, 1836), requiring that the applicant "shall particularly specify and point out the part, improvement, or combination, which he claims as his own invention." 」Markman v. Westview Instruments, Inc. 52 F.3d 967 C.A.Fed. (Pa.), 1995. at 997.

例如：一種學步車結構，包括一由底盤與頂框所組成，並在底盤與頂框間樞設有連結桿，而該底盤係由前、後框架與左、右框條所組成，其底面組設有滾輪；其特徵在於該底盤之底面所組設之滾輪呈對稱分布。

實務上，在我國及美國對於**申請專利範圍**，並未強制規定必須以「**吉普森式**」的方式撰寫。惟依據中國專利法施行細則的規定，有關**申請專利範圍**的撰寫，規定發明或實用新型的**獨立項**，應當包括前序部分及特徵部分，其記載形式即為「**吉普森式**」<sup>註3</sup>。

## 四、馬庫斯式

「**馬庫斯式**」（Markush Type）常見於生物、化學領域的一種專利範圍請求項的撰寫方式，用以將屬於同一群組的多個組成物或化合物，以封閉式的連接詞「選自於」將其包含在同一個請求項中。其記載形式為「一種○○組成物……（主體），含有……（A 成分、B 成分…），及……；其中 A 成分為「選自於」……B 成分為「選自於」……」。以下舉例「活性能量射線硬化性樹脂組成物」之案例。

---

**實際案例** Ex **活性能量射線硬化性樹脂組成物**

1. 一種活性能量射線硬化性樹脂組成物，含有：下述 (A) 成分與 (B) 成分之反應產物 (X)，(C) 具有選自於由環氧丙基及異氰酸酯基構成之群組中之至少 1 種之基、及含乙烯性不飽和鍵之基之化合物，及 (D) 具有含乙烯性不飽和鍵之基之磷酸衍生物；其中，(A) 成分為選自於由間苯二甲胺及對苯二甲胺構成之群組中之至少 1 種，(B) 成分為選自於由下式 (1) 表示之不飽和羧酸及其衍生物構成之群組中之至少 1 種，式 (1) 中，R1、R2 分別獨立地表示氫原子、碳數 1~8 之烷基、碳數 6~12 之芳基、或碳數 7~13 之芳烷基。

2. 如申請專利範圍第 1 項之活性能量射線硬化性樹脂組成物，其中，該 (B) 成分為選自於由丙烯酸、甲基丙烯酸、巴豆酸及它們的衍生物構成之群組中之至少 1 種。

3. 如申請專利範圍第 1 或 2 項之活性能量射線硬化性樹脂組成物，其中，該 (C) 成分為選自於由 ( 甲基 ) 丙烯酸環氧丙酯及 ( 甲基 ) 丙烯酸 -2- 異氰酸基乙酯構成之群組中之至少 1 種<sup>註4</sup>。

---

註3： 中國專利法實施細則第二十一條規定：「發明或者實用新型的獨立權利要求應當包括前序部分和特徵部分，按照下列規定撰寫：( 一 ) 前序部分：寫明要求保護的發明或者實用新型技術方案的主題名稱和發明或者實用新型主題與最接近的現有技術共有的必要技術特徵；( 二 ) 特徵部分：使用『其特徵是……』或者類似的用語，寫明發明或者實用新型區別於最接近的現有技術的技術特徵。這些特徵和前序部分寫明的特徵合在一起，限定發明或者實用新型要求保護的範圍。發明或者實用新型的性質不適於用前款方式表達的，獨立權利要求可以用其他方式撰寫。一項發明或者實用新型應當只有一個獨立權利要求，並寫在同一發明或者實用新型的從屬權利要求之前。」

註4： 我國專利公開號 TW202000716A 參見。

## 五、手段或步驟功能用語式

　　「**手段或步驟功能用語式**」（Means Or Step Plus Function）的**申請專利範圍**請求項的撰寫方式，是以所執行特定功能之手段，或步驟功能性用語描述該構成要件。例如：連接手段、固定手段、傳送手段等功能性用語，而非以特定名詞描述該構成要件。於解釋「**手段或步驟功能用語式**」的**申請專利範圍**時，並非直接就**申請專利範圍**請求項的字義（文義）加以解讀，而是須檢視説明書中所敘述之對應結構、材料或動作及其均等物，這些功能性用語亦為**申請專利範圍**請求項中的構成要件之一。以下舉例「安全裝置」之案例。

---

**實際案例** **Ex** **安全裝置**

　　一種安全裝置，其特徵為具有：工具，係藉致動器之驅動進行既定動作；著裝件，係操作該工具之使用者所著裝；傳送手段，係被設置於該工具或著裝件之一方，並傳送將傳送方向設定成對固定方向具有高之指向性的無線信號；接收手段，係被設置於該工具或著裝件之另一方，並接收該傳送手段所傳送之無線信號；以及控制手段，係將該接收手段已識別該無線信號作為條件，控制該工具；該工具及該著裝件係構成為可設定個別之識別資訊；該控制手段係將識別是所預設之該工具與該著裝件的組合作為條件，控制該工具[註5]。

---

註 5：　我國專利公告號 TWI680441B 參見。

## 六、三段式

**申請專利範圍**的主要結構包括三個部分：(1) 前言（preamble）；(2) 請求主文（body of claim）；(3) 機能子句（結尾）（whereby clause）。

> **實際案例** **Ex** **具氣流導引設計之光碟機**
>
> 以一光碟機技術為例，其申請專利範圍之獨立項如下：
>
> 一種具氣流導引設計之光碟機，用以與一光碟片進行資料交換，該光碟機包括：
>
> 一主體，具有一殼體及容置於該殼體內部以與該光碟片進行資料交換所需之複數電子機構元件，該殼體前側並形成一開口；及
>
> 一托盤，可承載該光碟片而經該開口進出該殼體內部，該托盤具有一盤面而於該盤面形成略為下凹而可供該光碟片容置之一淺槽，該盤面沿該淺槽外側前端及後端分別形成兩通孔及至少一通孔；
>
> 藉此，該光碟片運轉狀態下，該托盤上下側之氣流可經該等通孔之導引連通，而降低該托盤上下側之壓力差[註6]。
>
> **▌解析**
>
> 上述「具氣流導引設計之光碟機」之專利範圍為例其中「一種具氣流導引設計之光碟機，用以與一光碟片進行資料交換」屬於前言。
>
> 「一主體，具有一殼體及容置於該殼體內部以與該光碟片進行資料交換所需之複數電子機構元件，該殼體前側並形成一開口；及
>
> 一托盤，可承載該光碟片而經該開口進出該殼體內部，該托盤具有一盤面而於該盤面形成略為下凹而可供該光碟片容置之一淺槽，該盤面沿該淺槽外側前端及後端分別形成兩通孔及至少一通孔；」屬於請求主文。
>
> 「藉此，該光碟片運轉狀態下，該托盤上下側之氣流可經該等通孔之導引連通，而降低該托盤上下側之壓力差。」則屬於機能子句（結尾）。

---

註6： 我國專利公告第 588844 號參見。

# 4-3　過渡片語

　　專利範圍請求項的撰寫方式中，在請求項中的前言與請求主文間，有一段銜接文字，如「包含 / 包括…」、「主要係由…所組成…」或「由…組成」、「僅包含」，這段銜接文字稱為「**過渡片語**」（Transition Phrase）。「**過渡片語**」係用以承接及表示專利範圍之請求項的前言與請求主文間的特殊限定關係，「**過渡片語**」主要可分為：(1) 開放式；(2) 半封閉式（中間式）及 (3) 封閉式三種。

　　「**過渡片語**」的使用，對專利範圍的請求項具有一種不限定或限定的作用，影響請求項於審查過程中受到先前技術挑戰的程度，以及專利權權利範圍確定後的寬廣度。

　　其中開放式片語及半封閉式（中間式）片語的使用，表示請求項包括或主要包括「**過渡片語**」後所列的構成要件，但還可以含有其他的構成要件。相對地，封閉式片語的使用則表示該請求項的構成要件不多不少僅包含「**過渡片語**」後所列的要件。

## 一、開放式過渡片語

　　開放式**過渡片語**「如 include、comprise、comprising」，中文「包括 / 包含…」等用語，例如：……甲 comprise A、B and C……表示甲的構成要件必需包括 / 包含所指定的 A、B 及 C，但該請求項還可以包括 / 包含其他未指定的元件或成分。

> **實際案例 01 自行車花轂**
>
> 　　一種自行車花轂，其包括有：一個輪軸；一個塔基，該塔基可轉動地套設於該輪軸，該塔基的一端設置有一個第一外螺紋；一個花轂殼，該花轂殼可轉動地套設於該輪軸，該花轂殼設置有一個第一內螺紋；一個棘輪機構，該棘輪機構設置有一個齒圈及一個中子，該齒圈與該中子分別套設於該輪軸，該齒圈沿該輪軸徑向的內周緣設置有一個第二內螺紋及一個環齒部，該第二內螺紋連接於該第一外螺紋，該中子沿該輪軸徑向的外周緣設置有一個第二外螺紋及數個千金片，該第二外螺紋連接於該第一內螺紋，該齒圈套接於該中子並使該數個千金片嚙合於該環齒部[註7]。

---

註 7：　我國專利公告 TWM645457U 參照。

### 實際案例 02 多螢幕系統

一種多螢幕系統，係由一第一螢幕、至少一第二螢幕和一電腦主機所組成，其中，該電腦主機至少包含有：一螢幕顯示介面，用以連結該第一螢幕及該至少一第二螢幕，且將其顯示區域分成一第一螢幕顯示區域及至少一第二螢幕顯示區域；一第一螢幕控制模組，用以經由該螢幕顯示介面在第一螢幕上顯示一第一畫面，並提供一操作介面，供一使用者在第一畫面上選擇任一範圍以產生一圖片檔案，其中，該圖片檔案經由一圖片顯示程式以產生一顯示訊息，並傳送到一第二螢幕控制模組；以及一第二螢幕控制模組，用以依據該螢幕顯示介面所設定的至少一第二螢幕顯示區域，將該顯示訊息之顯示位置設定在該至少一第二螢幕顯示區域，經由該螢幕顯示介面在該至少一第二螢幕上予以顯示[8]。

## 二、半封閉式（中間式）過渡片語

半封閉式（中間式）**過渡片語**「如 consisting essentially of」，中文「主要係由…所組成…」、「基本上由…所組成」等用語，例如：……甲 consist essentially of A and B……，表示甲的構成要件除了包含 A 及 B 之外，尚可以包含其他非限定的元件或成分 C。

### 實際案例 01 電容器應用的介電陶瓷材料組成

一種電容器應用的介電陶瓷材料組成，特別是應用於卑金屬電極製程的積層陶瓷電容器，主要係由一種主成份及一種副成份所組成，其中：該一種主成份係 $BaTiO_3$；及該一種副成份係 $Sc_2O_3$，該副成份 $Sc_2O_3$ 相對於該主成份 $BaTiO_3$ 每 100 莫耳所添加的含量比率係介於 0.05~1.00 莫耳，其中該副成份 $Sc_2O_3$ 與該主成份 $BaTiO_3$ 通過卑金屬電極製程所燒結形成之介電陶瓷的 TCC 曲線符合 EIA-X8R 規範[9]。

### 實際案例 02 用於電鍍鈷之電解質

一種用於電鍍鈷之電解質，其特徵在於該電解質係基本上由以下所組成：1g/l 至 5g/l 鈷 II 離子、1g/l 至 10g/l 氯離子、其量足以獲得介於 1.8 與 4.0 之間之 pH 之酸，以及至多兩種有機添加劑之水溶液，該等有機添加劑不為聚合物，且該有機添加劑之濃度或該兩種有機添加劑之濃度總和介於 5mg/l 與 200mg/l 之間[10]。

---

註 8： 我國專利公告 TW591400B 參照。

註 9： 我國專利公告 TWI749319B 參照。

註 10：我國專利公告 TWI804593B 參照。

## 三、封閉式過渡片語

封閉式**過渡片語**「consist of」，中文「由......構成」、「僅包含」等用語，例如：……甲 consist of A、B and C……。表示甲的構成要件不多不少僅包含 A、B 及 C，亦即甲的構成要件除了 A、B 及 C 外，不包含其他元件或成分。

---

**實際案例** **Ex** **整合式低腳數媒體獨立介面**

一種整合式低腳數媒體獨立介面 (Integrated Reduced Media Independent Interface)，用來連接一媒體控制層電路 (MAC Circuit) 以及一實體層電路 (PHY Circuit)，該整合式低腳數媒體獨立介面僅包含有：一資料傳送介面 (TXD)，用來將資料由該媒體控制層電路傳送至該實體層電路；一傳送許可介面 (TX_EN)，用來控制該資料傳送介面之運作；一參考時脈介面 (REF_CLK)，用來提供一參考時脈 (Reference Clock) 予該整合式低腳數媒體獨立介面；一接收許可介面 (CRS_DV)，用來於一偵測錯誤階段及一閒置 (Idle) 階段為一低電位輸出，於一傳輸許可階段為一高電位輸出；以及一資料接收介面 (RXD)，用來將資料由該實體層電路傳送至該媒體控制層電路[註11]。

---

## 4-4　申請專利範圍的上位化

**申請專利範圍**的意義係以文字界定所要保護的技術範圍，在撰寫時通常希望將所欲保護的範圍「**上位化**」。如果説明書中所揭露的技術內容僅係一個下位概念，則**申請專利範圍**不得主張該下位概念之上位概念。但當説明書中所揭露的技術內容係該上位概念的數個下位概念，則**申請專利範圍**可以主張該等下位概念之上位概念。也就是説，説明書中所揭露的實施例愈多，可以允許**申請專利範圍**概括的程度愈大。**上位化**的過程包括兩個維度：(1) 最少必要構成要件的篩選；(2) 共通性元素的萃取。

例如：一發明之實施例 A 中揭露嵌合式散熱器、熱管及散熱基座三項構成要件與其相對關係，實施例 B 中揭露由數個金屬鰭片所組成的散熱器、熱管及散熱基座三項構成要件與其相對關係。

則在最少必要構成要件的篩選時，可以綜合出最少構成要件必須為散熱器、熱管及散熱基座與其相對關係。對於共通性元素的萃取，則係就説明書中所揭露的各

---

註 11：我國專利公告 TWI221560B 參照。

個變化實施例萃取出其共通的名稱。例如：數個金屬鰭片所組成的散熱器與嵌合式散熱器，可以萃取出其共通的名稱為散熱器。

最後將**上位化**的過程合一，界定出散熱器、熱管及散熱基座三項構成要件與其相對關係而成為一最大的保護範圍。

要注意的是，在**上位化**的過程中不得將習知技術領域納入**申請專利範圍**之中。例如，在本例中，若由非組合式（一體式）的散熱器、熱管及散熱基座已屬習知，則**申請專利範圍**「**上位化**」時必須排除非組合式（一體式）的散熱器構成，亦即，**申請專利範圍**的最大範圍應為組合式散熱器、熱管及散熱基座與其相對關係（圖4-1）。

**申請專利範圍**應為說明書中所支持，其意義不是說明書中有出現一段相對應的文字即可，而是說明書中至少應揭露一個相對應的具體實施例，該等具體實施例包含了**申請專利範圍**中全部的構成要件與相對關係。

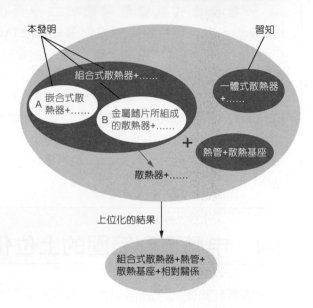

**圖 4-1** 申請專利範圍的上位化

## 4-5 獨立項及附屬項的關係

**申請專利範圍**有**獨立項**及**附屬項**之分，**獨立項**表示可以據以實施專利技術的最基本構成要件。**附屬項**則是對於**獨立項**中某一構成要件進一步或可能的變化加以延伸，**申請專利範圍**之**附屬項**的功能，在於將所有可以設想到的可能實施態樣加以界定，有防止對手進行迴避設計；及可供與審查委員在引證案與本案技術可准予專利的範圍間做刪除或修正，達到最佳的可准**申請專利範圍**的效果。

以本書第一章之排他權案例而言（圖1-2），如果某甲在申請彈性椅專利時，將可能的變化實施態樣一併寫入**申請專利範圍**的**附屬項**中，則某乙的專利將不存在，不會阻卻將來某甲在彈性椅上把手的附加。

　　**申請專利範圍**中，不論是**獨立項**或**附屬項**皆為獨立的權利項，**附屬項**所界定者應包括所依附項目之全部技術內容，但於侵權分析或判斷可專利性則不能將某一項的一部分與另一項的一部分相混比對，那將是一種邏輯上的錯誤。

# 4-6　申請專利範圍之獨立項與附屬項間的變化

　　**申請專利範圍**之**獨立項**與**附屬項**間的變化如下圖（圖 4-2）所示，第一項為**獨立項**，第二、五項為第一項之**附屬項**，第三、四項為第二項之**附屬項**。第六、七項為第五項之**附屬項**，第八、九項為第七項之**附屬項**。

　　愈下層的**附屬項**因其構成要件（元件）數量愈多，限制條件就愈多，技術獨占的範圍就愈小，亦即其所能主張的權利範圍就愈小。

　　例如：第一項構成要件包括 A、B、C，第二項之構成要件包括 A、B、C 及 D，第五項構成要件包括 A、B 及 C'。

　　第三項構成要件包括 A、B、C、D 及 E，第四項構成要件包括 A、B、C、D、E 及 F。第六項構成要件包括 A、B、C' 及 E，第七項構成要件包括 A、B、C' 及 D。

　　第八項構成要件包括 A、B、C' 及 D'，第九項構成要件包括 A、B、C' 及 D"。

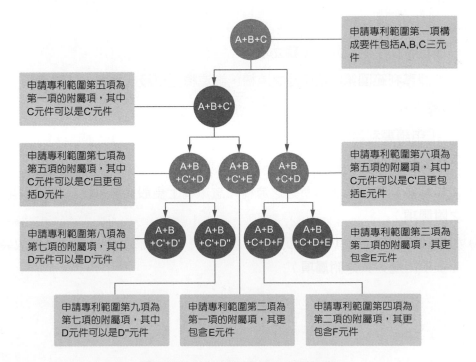

圖 4-2　獨立項與附屬項的關係圖

## 4-7　附屬項的敘述方式

　　**申請專利範圍**的記載形式可以分為「獨立記載形式」及「**引用記載形式**」。「獨立記載形式」即不引用其他請求項而記載之記載形式。因此「獨立記載形式」僅適合用於不引用其他請求項而記載之**獨立項**。

　　「**引用記載形式**」，係指引用其他請求項而記載之記載形式。

　　採用「**引用記載形式**」之目的在於避免重複記載被引用之其他請求項之文句，以便使請求項之記載簡明，同時可明確地記載出被引用之請求項，與引用該請求項而記載之請求項間的關係與差異，具有減輕發明人負擔，並使審查委員及其他第三者容易理解的優點。

　　**附屬項**之**引用記載形式**，大致可分為下列三種態樣：

1. 進一步之界定

　　例如：

　　(1) 一種具有扶手的涼椅。（**獨立項**）

　　(2) 如**申請專利範圍**第 1 項所述之涼椅，其中該扶手係捲繞成弧形者。（**附屬項**）

2. 新增構成

　　例如：

　　(1) 一種具有扶手的涼椅。（**獨立項**）

　　(2) 如**申請專利範圍**第 1 項所述之涼椅，該涼椅上更設有軟墊。（**附屬項**）

3. 多項附屬方式

　　例如：「**申請專利範圍**」

　　(1) 一種具有扶手的涼椅。（**獨立項**）

　　(2) 如**申請專利範圍**第 1 項所述之涼椅，該涼椅上更設有軟墊。（單項附屬方式之**附屬項**）

　　(3) 如**申請專利範圍**第 1 項或第 2 項所述之涼椅，其中該扶手具有杯具擺放裝置。（多項附屬方式之**附屬項**）

# 4-8 申請專利範圍的文字是否皆為限制條件

專利之權利，係以**申請專利範圍**所描述者為準，於解釋**申請專利範圍**時，並得審酌説明書及圖式[註12]。**申請專利範圍**所敘述之文字，皆可能為「限制條件」（Limitation）。

以「其特徵」方式撰寫之**申請專利範圍**為例，亦即**吉普森式**（Jepson type）撰寫之**申請專利範圍**，在其特徵部分可稱為「主要技術內容」，在其特徵之前者又稱前言（preamble）部分，**吉普森式**的前言部分有時被認為默示的承認屬習知技術[註13]，該部分又被稱為「非主要技術內容」。

惟前言（preamble）部分是否為限制條件，應視該前言部分與特徵間是否具有直接關聯性，不能一概而論地認為前言皆屬習知技術。

在一九五一年之 Kropa v. Robie[註14] 案美國關税及專利上訴法院即認為**申請專利範圍**中之前言部分，如果僅是説明所欲達成的目的及描述既有技術的特徵者不具限制作用。前言部分只有在特例情況才具有限制作用。

一般而言，如果**申請專利範圍**之前言部分的敘述對**申請專利範圍**而言是屬必要結構、步驟；或前言部分是使得該**申請專利範圍**具有意義的必要構件，則該前言部分即為一種限制條件[註15]。如果**申請專利範圍**之前言部分僅是説明該發明的目的或預期的用途，則該前言部分就不是一種限制條件[註16]。

我國二〇〇四年七月一日施行之專利法施行細則第十九條第二項規定：「發明或新型**獨立項**之撰寫，以二段式為之者，前言部分應包含申請專利之標的及與先前技術共有之必要技術特徵；特徵部分應以『其改良在於』或其他類似用語，敘

---

註 12：參見我國專利法第五十八條第四項之規定。

註 13："......the preamble elements in a Jepson –type claim are Impliedly admitted to be old in the art." Application of Ehrreich 590 F.2d 902 Cust. & Pat.App., 1979.at. 909-910.

註 14：Kropa v. Robie 187 F.2d 150 Cust. & Pat.App. 1951.

註 15：In general, a preamble limits the invention if it recites essential structure or steps, or if it is "necessary to give life, meaning, and vitality" to the claim. "Pitney Bowes, Inc. v. Hewlett-Pack-and Co. 182 F.3d 1298 C.A.Fed. (Conn.), 1999.

註 16："Where a patentee defines a structurally complete invention in the claim body and uses the preamble only to state a purpose or intended use for the invention." Rowe v. Dror 112 F.3d 473 C.A. Fed, 1997.

明有別於先前技術之必要技術特徵」。其實所規範的就是一種**吉普森式**撰寫方式，法條所強調的係前言部分，包含申請專利之標的及與先前技術共有之必要技術構成[註17]，另以足以區別的用語載明所改良之必要技術特徵。

同條第二項則規定：「解釋**獨立項**時，特徵部分應與前言部分所述之技術特徵結合」。由前法條觀之，我國對於**申請專利範圍**之特徵與前言係將其結合後再加以解釋，因此較趨近於將前言部分視為限制條件。

## 問題與思考

1. 撰寫專利說明書的原則為何？
2. 申請專利範圍的意義為何？
3. 吉普森式申請專利範圍的記載形式為何？
4. 申請專利範圍之附屬項的功能為何？
5. 附屬項之引用記載形式可分為哪三種態樣？
6. 申請專利範圍之前言部分是否一定為限制條件？

---

註 17：本書以**吉普森式**前言而論，前言屬共同構成，或必要構成並非特徵，故法條中「……前言部分應包含申請專利之標的及與先前技術共有之必要技術特徵……」之「特徵」應改為構成較為適切。

**Chapter**

# *05* 優先權與先申請原則

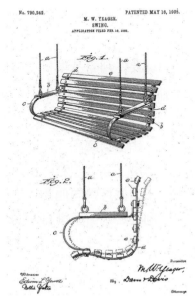

▲ US790242_1905 年獲准的搖椅
專利

---

## 學習關鍵字

# 5-1 互惠原則與優先權的主張

優先權（Right of Priority）係源自於「保護工業產權巴黎公約」，該公約中約定各公約成員國中包括專利及商標之工業財產權所有人，依照公約各締約國互相承認對方國民的優先權地位的一項權利。亦即專利及商標之工業財產權所有人在一個締約國第一次提出專利申請後，在一定期限內以相同的技術或商標向其他締約國提出申請者，該專利及商標之工業財產權所有人有權要求該締約國以申請人第一次提出專利申請的締約國的申請日為技術判斷或要件判斷基準日，即優先權日。

通常發明人或企業體在我國申請專利的同時，會依該專利技術所生產、製造、銷售或使用的其他國家或地區，做一專利申請國的布局，例如：某種具有螢幕旋轉功能的筆記型電腦在臺灣及中國大陸製造，銷售到德國及美國，此時廠商所需申請專利的地區包括臺灣、中國大陸、美國及德國。又依照我專利法有關互惠及優先權適用之規定，在我國或他國申請之專利於十二個月內向他國或我國申請時，主張優先權可以該首次提出申請之申請日為可專利性之判斷基準日[註1]。因此在向美國或德國提出申請的十二個月內向我國提出申請，皆可主張以美國或德國之申請日為優先權日。

兩岸之間對於專利案件之受理情況因為政治關係顯得比較特殊，於 2010 年 11 月 22 日以前之申請案，相互間皆會受理，但主張優先權則不被承認。亦即過去若先在臺灣提出申請，而欲以臺灣申請案向中國大陸提出優先權的主張時是不會被受理。兩岸於二〇〇八年後關係改善，交流頻繁，關於智慧財產權之優先權問題亦於民國九十九年六月二十九日江陳會所簽署之「海峽兩岸智慧財產權保護合作協議」中解決，相互承認優先權主張。

根據「海峽兩岸智慧財產權保護合作協議」，我國於民國九十九年八月二十五日以總統華總一義字第 09900219171 號令修正公布專利法中優先權相關之條款第27、28 條條文；民國九十九年九月十日行政院令定自民國九十九年九月十二日施行。自協議生效後，經兩岸主管機關努力完成內部相關作業的調整，雙方決定自民國九十九年十一月二十二日開始受理，且得據以主張優先權之基礎案的日期為民國九十九年九月十二日。

---

註 1：　我國新式樣（設計）專利主張優先權之期限則為 6 個月。

## 一、當時適用之法條：

第二十七條　申請人就相同發明在與中華民國相互承認**優先權**之國家或世界貿易組織會員第一次依法申請專利，並於第一次申請專利之日起十二個月內，向中華民國申請專利者，得主張**優先權**。依前項規定，申請人於一申請案中主張二項以上**優先權**時，其**優先權**期間之起算日為最早之**優先權日**之次日。外國申請人為非世界貿易組織會員之國民且其所屬國家與我國無相互承**優先權**者，若於世界貿易組織會員或互惠國領域內，設有住所或營業所者，亦得依第一項規定主張**優先權**。主張**優先權**者，其專利要件之審查，以**優先權日**為準。

第二十八條　依前條規定主張**優先權**者，應於申請專利同時提出聲明，並於申請書中載明第一次申請之申請日及受理該申請之國家或世界貿易組織會員。申請人應於申請日起四個月內，檢送經前項國家或世界貿易組織會員證明受理之申請文件。違反前二項之規定者，喪失**優先權**。

## 二、民國 111 年 5 月 4 日修正之專利法相應法條：

第二十八條　申請人就相同發明在與中華民國相互承認**優先權**之國家或世界貿易組織會員第一次依法申請專利，並於第一次申請專利之日後十二個月內，向中華民國申請專利者，得主張**優先權**。申請人於一申請案中主張二項以上**優先權**時，前項期間之計算以最早之**優先權日**為準。外國申請人為非世界貿易組織會員之國民且其所屬國家與中華民國無相互承認**優先權**者，如於世界貿易組織會員或互惠國領域內，設有住所或營業所，亦得依第一項規定主張**優先權**。主張**優先權**者，其專利要件之審查，以**優先權日**為準。

第二十九條　依前條規定主張**優先權**者，應於申請專利同時聲明下列事項：
一、第一次申請之申請日。
二、受理該申請之國家或世界貿易組織會員。
三、第一次申請之申請案號數。

　　申請人應於最早之**優先權日**後十六個月內，檢送經前項國家或世界貿易組織會員證明受理之申請文件。違反第一項第一款、第二款或前項之規定者，視為未主張**優先權**。申請人非因故意，未於申請專利同時主張**優先權**，或違反第一項第一款、第二款規定視為未主張者，得於最早之**優先權日**後十六個月內，申請回復**優先權**主張，並繳納申請費與補行第一項規定之行為。

# 5-2 國內優先權與外國優先權

　　**優先權**可分為**國內優先權**及**外國優先權**，**國內優先權**所指的是，後申請案要求在國內第一次申請之申請案（先申請案）之「主題」（subject matter）相同為基礎下，請求以該第一次申請之申請案申請日為專利要件判斷基準日[註2]。

## 一、申請國內優先權要件

1. 後申請案應於期限內提出（發明及新型申請案為首次申請案申請之日起12個月，設計專利申請案無**國內優先權**適用）。
2. 先申請案在國內係第一次申請且先申請案未曾主張國際優先權或**國內優先權**。
3. 先申請案在後申請案的申請日前尚未審定[註3]。
4. 先申請案未經分割改請或一般改請者[註4]。

## 二、申請國內優先權的法律效果與其他限制

1. 先申請案自其申請之次日起滿十五個月，視為撤回。
2. 申請案申請之次日起十五個月後，不得撤回**優先權**主張。

## 三、外國優先權

　　**外國優先權**所指的是，後申請案要求在外國第一次申請之申請案（先申請案）之「主題」（subject matter）相同為基礎之下，請求以該第一次申請之申請案申請日為專利要件判斷基準日。

## 四、申請外國優先權要件

1. 後申請案應於期限內提出（發明及新型申請案為先申請案申請之日起十二個月，設計專利申請案為先申請案申請之日起六個月）。
2. 先申請案在外國是第一次申請。

---

註2： 專利法第三十條規定：「申請人基於其在中華民國先申請之發明或新型專利案再提出專利之申請者，得就先申請案申請時說明書、申請專利範圍或圖式所載之發明或新型，主張**優先權**。……」，專利法第二十八條第四項規定：「主張**優先權**者，其專利要件之審查，以**優先權日**為準。」

註3： 中國大陸之規定則為首次申請案在後申請案的申請日前尚未授權公告。

註4： 此處一般改請係指申請發明或設計專利後改請新型專利者，或申請新型專利後改請發明專利者。

3. 先申請案係在 WTO 締約國提出，或在與我國有**優先權**互惠的國家提出（我國專利專責機關（八八）智法字第八八八六一〇三九號函，「我國雖未加入**巴黎公約**，但確有授用該公約精神之必要，俾免**優先權**期間認定，與國際規範不合。……」）。

4. 先申請案為正式申請案（可確定申請日之申請案）。

## 五、主張外國優先權的手續

1. 書面申請，於聲明中註明先申請案在外國之申請日及受理該申請案之國家。主張**外國優先權**應於申請專利同時提出聲明。

2. 檢送外國申請文件副本（申請人應於最早之**優先權日**後十六個月內，檢送經該國或世界貿易組織會員證明受理之申請文件）。

## 5-3　與優先權有關的其他規定

1. 申請人於一申請案中主張兩項以上**優先權**時，其**優先權**期間自最早之**優先權日**之次日起算。

2. 同一發明同時申請的例外。（同一發明有二以上之專利申請案時，僅得就其最先申請者准予發明專利。但後申請者所主張之**優先權日**早於先申請者之申請日時，不在此限）。

3. 發明早期公開的起算日（專利專責機關接到發明專利申請文件後，經審查認為無不合規定程式且無應不予公開之情事者，自申請之次日起十八個月後，應將該申請案公開之。如有主張**優先權**者，自**優先權日**之次日起算；其主張二項以上**優先權**時，自最早之**優先權日**之次日起算）。

4. 生物材料寄存期限起算日。

5. 申請回復**優先權**主張起算日。

6. 對於電子形式之**優先權**證明文件之適用因美國專利商標局公告其**優先權**證明文件之發給，改採以電子形式為之，有關美國政府證明受理之申請文件，經濟部智慧財產局受理適用之方式如下：

   (1) 申請人所取得之電子檔案資料係光碟片者，仍須將該光碟片及依其電子檔案資料所印製之紙本文件一併提出。

(2) 申請人所取得之電子檔案資料為光碟片以外之電子形式者,須釋明確為自美國專利商標局取得之電子檔案資料,併將依其電子檔案資料所印製之紙本文件一併提出[註5]。

## 5-4 先申請原則

技術方案何時提出專利申請,涉及專利案件之申請日,而申請日則為審查機關習知技術的引用基準日,因此相同技術其申請的先後將會有不同的審查結果,以完成發明的日期之先後認定專利權應授予的對象之制度稱為先發明原則(制)。美國、加拿大[註6]與菲律賓皆曾採先發明原則,美國於 2013 年 3 月 16 日生效之發明法案(America Invents Act; H.R. 1249)將長期以來所採的先發明原則修改為趨近**先申請原則**的發明人**先申請原則**。

就先發明原則而言,將專利權授與最先發明者是合理的,但是證明誰先發明則有人證、物證的問題,由於美國曾採先發明原則[註7],故於美國專利商標局曾設有特別委員會處理此種牴觸申請的案件。而除了證明上的困難之外,若有心人欲隱匿發明,則大可晚些再申請,因為在先發明原則之下,專利權是屬於最先發明的人而不是先申請的人。倘若如此,則將因為不知已有人發明創新在先,而重複地研發造成資源的浪費。

**先申請原則**,為大多數國家所採認的,其意義是凡是兩個以上的同一發明或創作申請專利時,僅授予最先申請者專利權,依此原則是不論究發明的先後,只比較申請的先後,故權利較為穩定。對於技術的公開較可預期,可以避免重複研發;惟**先申請原則**所造成的負面影響是「搶申請日」,亦即一旦有所發明,為了搶先申請,可能對於未成熟的技術也無暇思索,造成申請的浮濫及審查上的負擔,對於真正的發明人而言,可能申請時已被他人先行申請,而有失公允之虞。

---

註5: 中華民國九十三年九月十五日經濟部智慧財產局函(智法字第○九三一八六○○六三‐○號)有關專利法第二十八條第二項規定有關專利**優先權**證明文件之適用。

註6: http://strategis.ic.gc.ca/sc_mrksv/cipo/patents/pat_gd_protect-e.html#section04

註7: 過去美國所採之先發明原則基本上僅適用於美國境內所完成的發明,境外的發明行為則視個案情況有所不同,例如發明行為是在 WTO 會員國發生,則有該原則的適用。

## 5-5　一發明一專利

技術方案透過法律程序授與專利權，始擁有合法的排他權利，任何人未經專利權人的同意不得實施該專利。因此如果有一個以上的同一發明或創作皆被授權時，將造成實施上的衝突，為了保證「一發明一專利」的原則，法律的設計在新穎性的判斷上，除了就先前技藝加以比對外，對於同一發明或創作，只會核准最先申請的專利案。

我國專利法第二十三條規定：「申請專利之發明，與申請在先而在其申請後始公開或公告之發明或新型專利申請案所附說明書、申請專利範圍或圖式載明之內容相同者，不得取得發明專利。但其申請人與申請在先之發明或新型專利申請案之申請人相同者，不在此限。」意即專利申請案提出前，已另有他人申請在先（前申請案），且該前申請案說明書或圖式內容與後申請案內容相同時，後申請案不得取得專利權。

所須注意的是，第二十三條所指申請在先之揭示內容包括說明書、申請專利範圍及圖式所揭示者，其中並未限定是否為該申請在先的發明內容，更包括了說明書或圖式所記載之存在或不存在的先前技藝。

在實務上，界定同一範圍的專利案先後申請不無可能，尤其在技術發展的程度相當時，不同申請人在短期間內先後提出同一發明或創作時有耳聞，因為期間短促，先申請案通常仍在專利主管機關的審查流程中，對於後申請案而言，由於先申請案尚未公告，尚不能成為「習知技術」，因此不能成為對於後案為新穎性核駁的依據。

## 5-6　擬制喪失新穎性

由於「申請在先」之專利申請案，雖在後申請案申請當日之前，尚未公告於公報，尚不能成為「習知技術」，因此後申請案並無申請前已見於刊物之情事，依理於申請當日並無不具新穎性的道理，惟法律為顧及專利之專有排他性及一發明一專利原則，乃將此等先申請案所記載之發明或新型以法律擬制（legal fiction）為既有技術，而認定後申請案喪失新穎性[8]。對於已經提出申請後又撤回的案件，包括被

---

註 8：　所謂「擬制新穎性」其實應稱為**擬制喪失新穎性**，參見我國專利審查基準第二篇第三章 2.7.1 **擬制喪失新穎性**之概念。

視為撤回及自行撤回的案件只要未公開，將喪失其先申請的地位，在其後所申請的相同發明或創作，則不會被擬制喪失其新穎性，仍可獲准專利。但若提出申請後又撤回的案件已被公開，則後申請案將被擬制喪失其新穎性，而無法取得專利權。

## 5-7 發明、新型一案兩請之規定

　　為了解決產業想要尋求快速的新型專利保護，又想取得較穩定且長久的發明專利權保護，而造成過去發明、新型專利一案兩請的適法性問題，我國民國 102 年施行專利法新增法條規定，同一人就相同創作，於同日分別申請發明專利及新型專利者，其發明專利核准審定前，已取得新型專利權，專利專責機關應通知申請人限期擇一；屆期未擇一者，為遵守一發明一專利的原則，將僅保留新型專利權而不予發明專利。申請人若選擇發明專利，則其新型專利權將視為自始不存在。惟若發明專利審定前，新型專利權已當然消滅或撤銷確定者，當然發明專利亦不予專利（專利三十二條參照）。

　　也就是説，依我國於民國 102 年 1 月 1 日施行之專利法規定，新型專利權在申請人選擇發明專利時，其權利就自始不存在。相較於中國大陸的規定（施行細則第四十一條第五項）實用新型專利權自公告授予發明專利權之日起終止，亦即中國大陸的新型專利權與發明專利權兩者是接續的。現行法則規定同一人就相同創作，於同日分別申請發明專利及新型，若專利申請人依規定選擇發明專利者，其新型專利權，自發明專利公告之日消滅。亦即專利權已改採為接續式。

## 5-8 我國專利法對於非真正發明人的規定

　　發明人與研發人員在檢索專利前案資料時，尤其是國內專利資料庫，有時候或會發現某大企業或科技公司的專利公告案件，其發明人與該企業或公司的老闆姓名相同，且幾乎該公司的發明人全都是該企業主，也許同名同姓在所難免，但就實務而言，前述情況的實情多半是該發明人（企業主）非真正的發明人，便宜行事為其主要原因。然而如此便宜行事，日後如有權利的糾紛是否會造成實質的影響呢？

## 一、申請階段

依據專利法第五條第一項規定：「專利申請權，指得依本法申請專利之權利。」同條第二項規定：「專利申請權人，除本法另有規定或契約另有約定外，指發明人、新型創作人、設計人或其受讓人或繼承人。」此為專利申請權人及專利權人之規定。亦即發明人或創作人可把專利申請權讓與他人並由受讓人提出專利申請案，或由發明人提出專利申請案後再將專利申請權讓與他人。

次按同法第七條第一項規定：「受雇人於職務上所完成之發明、新型或設計，其專利申請權及專利權屬於雇用人，雇用人應支付受雇人適當之報酬。但契約另有約定者，從其約定。」同條第二項規定：「前項所稱職務上之發明、新型或設計，指受雇人於僱傭關係中之工作所完成之發明、新型或設計。」為專利申請權人及專利權人之進一步規定。

## 二、舉發階段

依專利法第三十五條規定：「發明專利權經專利申請權人或專利申請權共有人，於該專利案公告後二年內，依第七十一條第一項第三款規定提起舉發，並於舉發撤銷確定後二個月內就相同發明申請專利者，以該經撤銷確定之發明專利權之申請日為其申請日。依前項規定申請之案件，不再公告。」

依專利法第七十一條第一項第三款後段規定：「發明專利權人為非發明專利申請權人者，任何人得向專利專責機關提起舉發。」同條第二項規定有關發明人非真正所提起之舉發，則限於利害關係人。

實務上對於發明人或申請人究屬何人，於舉發階段，舉證相當困難，通常舉發人僅能提出與系爭案或系爭專利之申請人間的一般私文書，如附有發明人簽名之工程圖、設計圖，委任施工或設計之契約書，或自行推論的書證。但依官方（智慧局）審查態度而言，在舉發階段，對於證據的採認是較為嚴謹而保守的，通常對有關於專利法第五條申請權人之爭議案件，凡是僅以前述之私文書為證據者，其審定結果多為舉發不成立；真正可供為採認之證據，係經由法院審判的確認之訴判決，但此類案件並不多見，目前為止舉發人少有勝訴的案例。

## 三、限制條件及法律效果

依專利法第三十五條第一項規定：「發明專利權經專利申請權人或專利申請權共有人，於該專利案公告後二年內，依第七十一條第一項第三款規定提起舉發，並於舉發撤銷確定後二個月內就相同發明申請專利者，以該經撤銷確定之發明專利權之申請日為其申請日。」

亦即於舉發成立確定後，雖確定了專利申請權人為何，但必須在一定時間內向智慧局提出申請，智慧局再以事實公告真正專利申請權人（不再就專利技術公告）。而其法律效果亦僅止於將專利申請權人正名而已。

綜上所述，我國專利法第五條之規定，僅就申請權人及專利權人做一規範，但對於發明人或創作人的真正部分沒有明顯的規定，且實務上尚難據以將發明人不真正的專利撤銷或使其無效。

# 5-9　非真正發明人在我國民法及刑法上的救濟

民法上的規定，姓名表示權。專利案件中的發明人，經其辛苦地研究創新，對於該創作或發明擁有行使姓名表示權的權利，通常係以刊登在專利公報方式公示，而姓名表示權屬人格權的一種，侵害人格權的行使，就屬侵權行為，被侵害的當事人可依民法一百八十四條請求損害賠償，也就是說，發明人職務上的發明被企業主以其名義為發明人，而經核准公告者，只要公告公示出該發明之發明人為企業主，該員工（發明人）即可依前述據以請求損害賠償。

就刑法上的規定而言，過去宣誓書為申請專利之必備文件之一，宣誓書中所宣誓之內容主要係宣誓該發明為簽署人所發明並非抄襲，如果發明人不真正，宣誓書既屬偽造，有觸犯刑法偽造文書罪之嫌。又因為不實的簽署，如果該發明經過核准而公告公示，表示將不實的發明人登載公示，則又有觸犯刑法使公務員登載不實罪之嫌。

於我國高等法院刑事判決中指出：「專利案件之申請及審查，專責機關僅就「專利說明書」之內容實體審查是否符合發明、新型之要件決定是否准予專利，但就實際「創作人」為何人，則無從作實質審查，始要求以「宣誓書」方式要求宣誓

擔保[9]。與所謂使公務員登載不實事項於公文書罪，須一經他人之聲明或申報，公務員即有登載之義務，並依其所為之聲明或申報予以登載，而屬不實之事項者，始足構成相當。若有明知不實之事項，而使公務員登載不實，即應負擔該條之罪名，應無疑義[10]。」

雖然宣誓書為申請時必備文件之規定已於九十二年七月一日施行之專利法中刪除。但不論是就採請求審查制的發明專利申請案，或是就採形式審查的新型專利申請案，若於申請資料中填載之「發明人或創作人」為不實，則有犯使公務員登載不實罪的風險[11]。

然而，究竟誰才算是真正的發明人呢？我國最高法院於判決中曾指出：「倘僅係簡單提供發明者通常知識或係解釋相關技術，而未對專利申請之整體組合有具體想法，或僅係將發明者之想法落實之通常技術者，甚至在發明過程中，僅提出設想或對課題進行指導或提出啟發性意見、只負責組織工作、領導工作、準備工作，並不構成發明創造具體內容的人，均非得認為發明人或係共同發明人[12]。」

# 5-10 美國專利法有關非真正發明人的規定

依據美國專利法第一百一十六條[13] 及第二百五十六條[14] 規定：對於頒布之專利中，只有因無欺騙意圖的錯誤，專利商標局局長才可以更正專利證書。

以下舉個例子，美國聯邦上訴巡迴法院 Armour & Co. v. Wilson & Co. 一案[15]中，即由於專利案所記載的發明人非真正的發明人，被法院認為對於以欺騙專利商標局而獲得的專利，將不會允許對該專利的權利予以保護，由於其不正的欺騙行為，該項專利將落得被公開技術，且專利無效的下場。

---

註 9： 臺灣高等法院 90 年度上易字第 798 號刑事判決，該案中關於專利申請案中之創作人共記載有五人，五人皆知其中一人非真正創作人，法院判該五人共同明知為不實之事項，而使公務員登載於職務上所掌之公文書，足以生損害於公眾及他人者，各處有期徒刑伍月，如易科罰金，均以參佰元折算壹日。

註 10： 最高法院 73 年度台上 1710 號判例。

註 11： 臺灣新北地方法院 106 年度易字第 1209 號刑事判決中，法院認為：1.「發明人與創作人必須如實記載，不可借名登記」、2.「智財局對於發明人之記載，僅為形式審查，登載名實不符之發明人，已足生損害於公眾或他人。」

註 12： 最高法院 104 年度台上字第 2077 號。

註 13： 35 U.S.C 116 Inventors.

註 14： 77.35 U.S.C. 256 Correction of named inventor.

註 15： Armour & Co. v. Wilson & Co. 168 F.Supp. 353 D.C.I11. 1958.

## 問題與思考

1. 優先權日的意義為何？
2. 申請國內優先權要件有哪些？法律效果與限制為何？
3. 申請外國優先權要件有哪些？
4. 擬制喪失新穎性的意義為何？

Chapter

# 06 先前技術調查

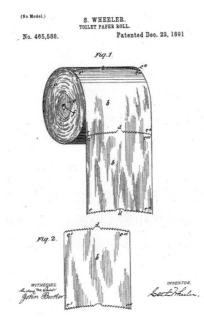

(No Model.)
S. WHEELER.
TOILET PAPER ROLL.
No. 465,588.
Patented Dec. 22, 1891
Fig.1.
Fig.2.
WITNESSES.
INVENTOR.

▲ US465588_1891 年獲准的捲筒衛生紙專利



**學習關鍵字**

專利領域之先前技術調查的需求者，通常為專利審查人員或對於專利申請案或專利權之可專利性提出質疑的第三人。可以透過實體書籍、雜誌或經由網路進行檢索，而網路檢索又區分為一般網路資料檢索與專利資料庫檢索；其中實體書籍或雜誌因有具體出版日期及明載固定之內容而具有證據能力，然網路資料則因為其資料之可變動性高，較難具有證據能力，既使另以「網站時光回溯器」取得之內容亦未必被法院所採認，又或需經由公、認證程序而造成取證上的困難。

各國專利資料庫則具有日期記錄及記載內容不可更動的特性，故具有證據能力，因此專利資料庫之利用便成為先前技術調查的最佳利器。本章節將就專利資料內容及檢索方式進行介紹。

# 6-1　專利分類

專利分類經由系統化的分類架構，將專利內容依據其技術主題或專利標的進行組織與整理，其所依據的內容是專利說明書中的「摘要」，其分類的目的係為使專利資料可呈現具邏輯性的架構，以便於後續檢索與應用。

# 6-2　國際專利分類

由於專利申請案件林林總總，五花八門，包括在各個技術領域的專利案及跨領域的組合技術專利案，為便於專利主管機關的審查及提供公眾閱覽，整理專利文獻的分類系統則至關重要。早期包括英國、德國、法國、瑞士及日本等國都發展出自己的分類方法，由於各國分類方法及分類原則大相逕庭，造成公眾審查及國際資料交換的困擾。於是國際上根據一九五四年簽訂的「關於國際發明專利分類歐洲協定」的規定編制了第一版的**國際專利分類**（International Patent Classification, 簡稱 IPC）。以英語及法語編成一分類法，於一九六八年公布出版，該分類法每五年會修正一次。

**國際專利分類**表共分為八個部（section），包括 A 部至 H 部，部下分主類（class）、次類（subclass）、主目（group）及次目（subgroup）。例如：A 部的範圍係與人類生活需要有關；B 部的範圍係與作業、運輸有關；C 部的範圍係與化學、冶金有關；D 部的範圍係與紡織、造紙有關；E 部的範圍係與固定建築有關；

F 部的範圍係與機械工程、照明、供熱、武器、爆破有關；G 部的範圍係與物理有關；H 部的範圍係與電學有關。以 A 部為例，其包含的內容有農業、個人或家用物品、保健及娛樂等次目。

以「跑步機」為例，若要判斷「跑步機」的**國際專利分類**表五階分類，可以從**國際專利分類**表中，按圖索驥將「跑步機」的專利技術分類，逐階的分至 A63B22/02，見（圖 6-1）。

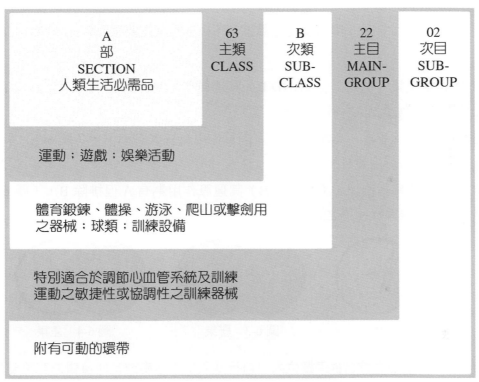

圖 6-1　「跑步機」國際專利五階分類表

# 6-3　專利檢索的動機與效果

專利資料庫之特色在於其記錄了有一定格式、一定組織之大量的專利資料檔案；而**專利檢索**的目的是為了在大量的資料中，精準地取得所需要的資料。因此進行檢索前應先瞭解資料庫使用說明與檢索規則，於使用各國資料庫前，閱讀該資料庫的線上使用說明（輔助、操作、HELP），瞭解其各檢索項目欄位內關鍵詞與邏輯運算符號之使用語法、定義及規則，以及資料庫可檢索之資料範圍。於資料庫中

適當檢索欄位內，鍵入關鍵詞與邏輯運算符號等之組合檢索式，執行檢索結果若不如預期，可重新研擬檢索策略，更改檢索條件或增添新的檢索條件與先前已知條件組合，再次執行檢索。

## 一、常用的檢索方法與檢索字元

以下介紹常用的檢索方法與**檢索字元**，以我國全球**專利檢索**系統為例，當進入首頁後會出現以下欄位選項，號碼檢索、布林檢索及表格檢索等。其中號碼檢索可以輸入公告號、公開號、申請號或證書號；布林檢索其主要字元包括 AND、OR 及 NOT：

1. AND 表示交集，例如：（A AND B）其運算作用為有 A 且有 B，（圖 6-2）深色交集之處為運算後所得之資料。

2. OR 表示聯集，例如：（A OR B）其運算作用為有 A 或有 B，（圖 6-3）深色之處為運算後所得之資料。

3. NOT 表示差集，例如：（A NOT B）其運算作用為有 A 但排除 B，（圖 6-4）深色之處為運算後所得之資料。

圖 6-2　交集　　　　　圖 6-3　聯集　　　　　圖 6-4　差集

於表格檢索中之綜合檢索欄位內可自行輸入檢索字串或其他邏輯運算符號加以組合，例如：利用切截符號 $，當輸入 Comput$ 進行檢索則可以檢索到以 Comput 為字首的相關聯字如 computer；若輸入 $computer 則可以檢索到以 computer 為字尾的相關聯字如 minicomputer。抑或於既定的欄位中輸入字串進行欄位檢索，如在 IN：發明人欄位、PA：申請人欄位中輸入人名進行檢索及於 AB：摘要欄位輸入技術關鍵用語等進行檢索。

## 二、專利地圖

專利地圖一詞源於日本，日本學者新井喜美雄於一九八二年開始針對專利資訊的內容進行研究，當時將研究主題定為專利地圖（patent map），專利地圖一詞，

就一直被沿用至今。專利地圖的實際意義是將專利資訊透過**專利檢索**後，進行統計與分析，將所需要的數據圖表化，例如：將專利申請件數、專利核准件數、核准國家、發明人、專利權人或**國際專利分類**（IPC）等加以分析，並以二維或三維的方式進行圖表化顯示，故又稱為專利分析圖（圖 6-5、圖 6-6）。專利地圖所呈現的圖表訊息，可以輔助企業分析、判斷及瞭解特定技術的發展軌跡與未來的發展方向，也可藉以查明「專利障礙」與「技術空白」的區域，作為企業投資技術的戰略性思考之依據。

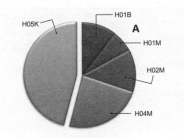

**圖 6-5**　某 A 公司以 IPC 為專利分析項目之二維圓餅圖

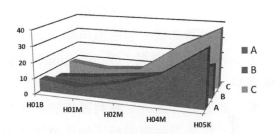

**圖 6-6**　A、B、C 三家廠商在特定技術以 IPC 為專利分析項目之三維區域圖

## 6-4　專利資料的運用與專利分析

專利資料的運用在不同的層次有不同的效果，專利資料可以分為三個層次包括：

1. 一次資料，如由政府或專利外圍組織編輯出版的資料，如**專利公報**、專利說明書等。
2. 二次資料，如由政府、專利外圍組織或專利資訊專業機構整理的資料，如索引工具書、電子資料庫、特定技術類別公報特輯等。
3. 三次資料，係將二次資料經整理分析所得的資料，如年度統計資料、專利地圖、競爭對手專利分布圖等。當對特定技術或資料進行**專利檢索**後所產生的不同層次的訊息，可以進一步進行分析，包括如前述專利地圖的建置與專利分析。

就該建置與分析的結果至少可探知：(1) 技術發展趨勢；(2) 未來產品走勢；(3) 特定企業發展方向；(4) 專利有效性。

## 一、專利家族

所謂**專利家族**（Patent Family）其意義有兩種；第一種意義為就單一件專利基礎案在不同國家或地區就同一內容進行申請佈局者，例如：先於台灣申請一件專利，之後利用優先權到其他國家或地區（例如：美國、中國大陸、德國與日本）進行申請；另一種**專利家族**的意義則是根據該專利基礎案進行衍生式的申請佈局，包括原申請案的分割案（Division）、連續案（Continuation）、部分連續案（Continuation in Part, CIP）與衍生設計案、部分設計案等。**專利家族**的分析主要在於分析競爭對手重要技術的保護區域分佈情形，可實際運用於技術壁壘的突破或專利訴訟等（圖 6-7）。

Espacenet

**Family list: TW201336467 (A) — 2013-09-16**

RSS, family dossiers

16 application(s) for: TW201336467 (A)

| Inventor: | Applicant: | CPC: | IPC: | Publication info: | Priority date: |
|---|---|---|---|---|---|
| 1. Cleaning robot and control method thereof | | | | | |
| HUNG SHIH-CHE [TW] LENG YAO-SHIH [TW] | MICRO STAR INT CO LTD [TW] | | A47L9/28 | TW201336467 (A) 2013-09-16 | 2012-03-02 |
| 2. Cleaning robot and control method thereof | | | | | |
| HUNG SHIH-CHE LENG YAO-SHIH | MSI COMPUTER SHENZHEN CO LTD | A47L11/4011 A47L11/4061 A47L2201/04 (+2) | A47L9/00 | CN103284653 (A) 2013-09-11 CN103284653 (B) 2017-07-14 Global Dossier | 2012-03-02 |
| 3. Cleaning system and control method thereof | | | | | |
| HUNG SHIH-CHE LENG YAO-SHIH | MSI COMPUTER SHENZHEN CO LTD | A47L13/42 A47L2201/04 A47L2201/06 (+1) | A47L11/24 G05D1/02 | CN103284662 (A) 2013-09-11 CN103284662 (B) 2016-09-21 Global Dossier | 2012-03-02 |
| 4. Cleaning robot and control method thereof | | | | | |
| HUNG SHIH-CHE LENG YAO-SHIH | MSI COMPUTER SHENZHEN CO LTD | A47L2201/04 A47L9/2852 | A47L11/28 A47L11/40 | CN103284665 (A) 2013-09-11 Global Dossier | 2012-03-02 |
| 5. Cleaning device | | | | | |
| HONG SHIZHE LENG YAOSHI | MSI COMPUTER SHENZHEN CO LTD | | A47L5/00 A47L9/00 A47L9/02 | CN203138351 (U) 2013-08-21 | 2012-03-02 |
| 6. CLEANING ROBOT AND CONTROL METHOD THEREOF | | | | | |
| HUNG SHIH-CHE [TW] LENG YAO-SHIH [TW] | MSI COMP SHENZHEN CO [CN] | A47L2201/04 A47L9/2852 | A47L9/28 G05D1/02 | DE102013100771 (A1) 2013-09-05 | 2012-03-02 |
| 7. CLEANING SYSTEM AND CONTROL METHOD THEREOF | | | | | |
| HUNG SHIH-CHE [TW] LENG YAO-SHIH [TW] | MSI COMP SHENZHEN CO [CN] | A47L13/42 A47L2201/04 A47L2201/06 (+1) | G05D1/02 | DE102013101700 (A1) 2013-09-05 | 2012-03-02 |

**圖 6-7**　歐洲專利局專利資料庫就 TW201336457（A）案檢索所呈現之部分專利家族表

## 二、專利號數代碼的意義

專利文獻中最直接的查詢項目不外乎專利申請號或專利公告號，在各國之專利公告系統中，公告號數的末位會依照案件性質加註一代碼以示區別，目前大多數國家的代碼以 WIPO 的標準編碼（Standard ST.16 codes）為主。

# 三、美國專利公告號之標準碼所代表之意義（表 6-1）

表 6-1  美國專利公告號之標準碼所代表之意義

| 標準編碼 | 代表意義 |
|---|---|
| A1 | 專利申請案——公開（早期公開案） |
| A2 | 專利申請案——再公開（早期公開案） |
| A9 | 專利申請案——更正公開（早期公開案） |
| B1 | 審查核准專利（非早期公開案） |
| B2 | 審查核准專利（早期公開案） |
| C1, C2, C3…… | 再審查證明 (Reexamination Certificate)（已核准專利案） |
| E | 再發證（reissue patent） |
| H | 發明人登記 SIP(Statutory Invention Registration)（防禦性專利） |
| P1 | 植物專利申請案——公開（早期公開案） |
| P2 | 審查核准植物專利（非早期公開案） |
| P3 | 審查核准植物專利（早期公開案） |
| P4 | 植物專利申請案——再公開（早期公開案） |
| P9 | 植物專利申請案——更正公開（早期公開案） |
| S | 審查核准之設計專利（新設計專利案） |

　　例如：US 6,793,938B2 其意義即表示美國第 6,793,938 號專利核准且有早期公開。US 6,699,824B1 其意義即表示美國第 6,699,824 號專利核准無早期公開。US RE38,542E 其意義即表示為美國第 5,564,371 號專利之**再發證**案（第 5,564,371 號必須由 US RE38,542E 案的公告首頁中得知）。US 2004/0181836A1 意即公開號為 US 2004/0181836，在二〇〇四年公開。

## 四、其他國家或地區主要代碼的意義（表 6-2）

表 6-2　其他國家或地區主要代碼的意義

| 國別或地區 | 代碼 | 專利法制度 |
|---|---|---|
| 歐洲<br>（EP） | A1 | 具有檢索報告之專利說明書 |
| | A2 | 不具有檢索報告之專利說明書 |
| | A3 | 另行出版之檢索報告 |
| | B1 | 經核准之專利說明書 |
| | B2 | 經修正核准之專利說明書 |
| 中國大陸<br>（CN） | A | 早期公開之專利說明書 |
| | B | 經審定專利說明書 |
| | C | 登錄制之專利說明書（新型、設計） |
| 英國<br>（GB） | A | 早期公開之專利說明書 |
| | B | 經審定專利說明書 |
| 德國<br>（DE） | A | 早期公開之專利說明書摘要 |
| | C | 經審定專利說明書 |
| | U | 登錄制之專利說明書（新型、設計） |
| | T | 來自 WO 的申請案 |
| 日本<br>（JP） | A | 早期公開之專利說明書 |
| | B | 經審定專利說明書 |
| | W | 來自 WO 的申請案，發明人非日本人 |
| | X | 來自 WO 的申請案，發明人為日本人 |
| | Y | 來自 WO 的新型申請案，發明人非日本人 |
| | Z | 來自 WO 的新型申請案，發明人為日本人 |

# 6-5　各主要國家或地區官方網站（表 6-3）

表 6-3　各主要國家或地區官方網站

| Q-RCODE | 名稱 | Q-RCODE | 名稱 |
|---|---|---|---|
| | 智慧局全球專利檢索系統 | | 美國專利商標局 |
| | 歐洲專利局 | | 中國國家知識產權局 |
| | 日本特許廳 | | 加拿大知識產權局 |
| | 德國專利商標局 | | 英國智慧產局 |

## 問題與思考

1. 跑步機的五階分類為何？

2. US 6,793,938B2 的意義為何？

3. 專利資料庫建置與分析的結果可以有哪些功能？

# Chapter

# *07* 專利審查與專利要件

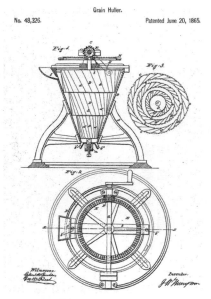

Grain Huller.
No. 48,326.
Patented June 20, 1865.

▲ US48326_1865 年獲准的旋轉式穀物脫殼機專利

## 7-1　專利審查

　　一項技術可以受到專利的保護，必須經過法律的審查，由專利審查人員以熟習該項技術者的角色與認知，對於專利申請案加以審查，專利要件審查的三個步驟分別為**產業利用性**、**新穎性**及**進步性**，又稱為專利要件或專利三性。

　　專利要件的審查具有邏輯上的先後順序又稱專利之山（圖 7-1），對於不具**產業利用性**的申請案，無須再判斷其是否具有**新穎性**及**進步性**。當申請案合於**產業利用性**時，始須判斷是否合於**新穎性**的要件，若不符**新穎性**則不須再審酌是否具有**進步性**。

　　唯有具有**產業利用性**及**新穎性**的專利申請案，始須考慮是否具有**進步性**，過去審查機關曾發出的核駁審定書，係指出某專利申請案不具**新穎性**及**進步性**故不予專利，在邏輯上似有畫蛇添足之嫌，而且既然不具**新穎性**何須判斷**進步性**，不新的技術是否就代表不進步？新的技術一定是進步的技術？在判斷上明顯受到「**進步性**」中進不進步的主觀判斷影響。

**圖 7-1**　專利之山

## 7-2　專利審查流程

　　下圖（圖 7-2）為請求實審案件的官方審查流程，以我國為例，申請案件送達智慧財產局之後，首先進入程序審查部門進行程序審查。

### 一、程序審查

　　程序審查事項包括說明書文件的應記載事項、數量、格式、印鑑、規費及申請權證明文件等，文件齊備後通知申請人申請案號及**申請日**，如有缺漏將通知補正，倘補正文之內容影響實質者將導致**申請日**的延後。

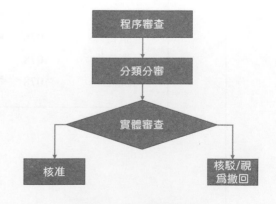

**圖 7-2**　專利審查流程

## 二、分類分審

通過程序審查的案件，包含了各式各樣的申請案，為了便於審查及日後技術文件的交換與引用，各專利申請案件皆會依案件的技術性質、類別加以區別分類，目前各國皆以 IPC（國際專利分類）分類為主[註1]，每一類之申請案將被分發至該類的審查科或審查組進行實體（技術）審查。

以我國而言，審查人員分為內審及外審，其中內審又分為審查委員及審查官，外審委員多為學校的講師、教授，或其他政府部門具有相關領域技術專長的官員所兼任。自八十九年起另制定並施行專利查官資格條例，開始晉用通過國家考試之專利審查官擔任專利審查工作。

當案件進入實體審查階段，審查人員會先就專利申請案的技術內容及申請專利範圍加以了解，檢視其是否具有**產業利用性**，依次再透過專利公告或書籍等已公開之書面資料，進行檢索、比對，對**新穎性**及**進步性**加以判斷，最後做出核准或核駁的處分。

# 7-3　產業利用性

所謂**產業利用性**，係指能為農業、工業等產業所應用的技術，我國審查基準中，對於產業的定義係包含廣義的產業。例如：工業、農業、林業、漁業、牧業、礦業、水產業等，甚至包含運輸業、通訊業、商業等。

原則上，若申請之發明或創作能被製造或使用，即具**產業利用性**。然而，根據美國專利法中並未對「**產業利用性**」要件直接規定，只有在美國專利法第 101 條中規定一項發明必須是新穎而且實用的，因此以「實用性」稱之較為貼切。就實務上而言，只要一項發明的用途不違反善良風俗、倫理道德、健康及社會秩序，原則上都具有「實用性」。舉例而言，對於一般機械、電子零件或日常用品其發明內容中的實用性自然就存在，也無須在說明書中特別的說明。

而在判例中則發展出各種不具「實用性」（utility）案例，包括：(1) 不能產出具體產品或產生具體用途[註2]；(2) 違背科學原理[註3]；(3) 未能達到預期效果[註4] 等。

---

註 1：　日本除了 IPC 分類之外另自成一套稱 F-term 分類方式。美國除 IPC 分類之外也自有一套分類方式。

註 2：　Brenner v. Manson 148 U.S.P.Q. 689 U.S. 該案涉及之製造化合物的方法但未說明化合物的具體用途之專利案。

註 3：　Newman v. Quigg 877 F.2d 1575 C.A.Fed. (Dist.Col.), 1989. 該案涉及一輸出大於輸入的引擎系統專利案。

註 4：　Application of Gazave 379 F.2d 973 Cust. & Pat.App. 1967. 該案涉及一化合物專利。

　　實務上因**產業利用性**被核駁的專利申請案件並不多見，對於**產業利用性**的判斷要件，綜合各國的規定至少應包括：(1) **可實施性**（Workable），依照專利明書所揭露的技術內容，就該行業的通常技藝人士而言，是否可以據以實現。例如：說明書內容對於技術手段是否揭露不清、揭露錯誤、揭露不完整或缺乏實驗數據的支持，導致依照說明書內容實施後不能達到預期目的或功效，皆不具**可實施性**；(2) **再現性**，一項技術手段或技術方案如果重複實施後產生不同的結果，就表示這樣的技術存在著隨機的因素，技術條件不確定或須依靠特別技巧者才能達到相同的結果，這樣的技術方案就缺乏**再現性**。

　　可以想見，如果產業具以實施這些不具**再現性**的技術方案後，每次都可能產生不同的結果，這樣的技術是不成熟、也不值得保護的。

## 7-4　新穎性

　　引進外國的先進技術為專利制度的目的之一，於英國一六二三年所制定的專賣條例中即規定保護的標的是創新工業領域中最早的發明，專賣權僅限於最早的發明者。將專利權授與最早的發明者，就是一種**新穎性**的概念。

　　我國審查基準對於**新穎性**的定義係：申請專利範圍中所載之發明未構成先前技術的一部分時，稱該發明具**新穎性**。

　　明確地說，即所主張的權利範圍必須是新的，是前所未見的。至於**新穎性**的「地域性的廣度」，在我國所採的是「**絕對新穎性**」，亦即不限於世界上任何地方、任何語言或任何形式的公開，例如：報章雜誌、書畫、網際網路、展覽、口頭公開[註5]或使用等。既然是公開，其意義就是不特定第三人可以得知或接觸該技術者稱之，對於保密中的技術，縱使有人知悉亦非屬公開。

　　審查機關對於**新穎性**審查的比對方式，首先是時間上的比對，以我國而言，專利申請案的「**申請日**」為專利要件之技術判斷基準日，如有主張優先權則以所主張的優先權日為基準日。

---

註5：　口頭公開包括演講、廣播及成果發表會上的講解等，通常揭露程度有限且不易舉證。

## 一、單獨比對

　　文件數量上的比對，則應就每一項申請專利範圍中所載之發明與單一先前技術進行比對，即一發明與單一先前技術單獨比對，不得就該發明與多份引證文件中之全部或部分技術內容的組合，或一份引證文件中之部分技術內容的組合，或引證文件中之技術內容與其他形式已公開之先前技術內容的組合進行比對。單一先前技術中對於同一技術的繼續性地揭示則仍屬單一引證文件。

　　舉例來説，一份引證文件所揭露的技術係一由（甲）A＋B＋C＋D＋E所構成的鉛筆及另一支由（乙）A＋B＋C＋D＋F所構成的鉛筆，而申請案係一由 A＋B＋E＋F 所完成的鉛筆，此時**新穎性**的比對不得將（甲）、（乙）之部分技術內容加以組合，認為（甲）、（乙）之聯集已揭露申請案的技術而以**新穎性**核駁。

## 二、認定新穎性的其他標準

　　有關**新穎性**的認定標準，各個國家或地區不盡相同[註6]，有 (1) **絕對新穎性**；(2) **相對新穎性**；(3) **混合式新穎性**。若於專利審查中可以採認任何國家或地區內的出版物或實際活動，否定一項發明或創作的新穎性者，稱為「**絕對新穎性**」標準；若採認資料限於該國或地區之內的出版物或實際活動，則稱「**相對新穎性**」標準；若在出版物上採認任何國家或地區內的資料，但在實際活動上則採認該國或地區範圍者，則稱採「**混合式新穎性**」標準。

　　簡而言之，對於技術公開的載體形式、公開方式或地域皆無限制者稱「**絕對新穎性**」對以上公開條件有任何限制者稱「**相對新穎性**」。

　　我國專利法對於發明專利採用的是「**絕對新穎性**」標準，於我國審查基準一般原則中指出：專利法所稱之刊物，指以公開發行為目的，而以文字、圖式或其他方式載有技術或技藝內容的傳播媒體，不論其公開於世界上任一地方或以任一種文字公開均屬之，其性質上得經由抄錄、攝影、影印或複製之方式向公眾公開散布。

---

註6：　根據與貿易有關之智慧財產協議（TRIPs）對於「**新穎性**」的規範，該協議沒有作任何規定或説明。意即，不同成員國或成員地區，可以自由選擇「**絕對新穎性**」標準、「**相對新穎性**」標準或「**混合新穎性**」標準。

## 三、中國大陸的規定

過去中國大陸專利法所採的是「**混合式新穎性**」標準，於中國大陸專利法第二十二條第二項規定：「**新穎性**，是指在**申請日**以前沒有同樣的發明或者實用新型在國內外出版物上公開發表過、在國內公開使用[註7]過或者以其他方式為公眾所知，也沒有同樣的發明或者實用新型由他人向國務院專利行政部門提出過申請並且記載在**申請日**以後公布的專利申請文件中」。二〇〇九年十月一日施行之專利法第二十二條第二項規定：「**新穎性**，是指該發明或者實用新型不屬于現有技術；也沒有任何單位或者個人就同樣的發明或者實用新型在**申請日**以前向國務院專利行政部門提出過申請，並記載在**申請日**以後公布的專利申請文件或者公告的專利文件中。」已無國內公開或國外公開的區隔，亦已改採「**絕對新穎性**」。

## 7-5　喪失新穎性或進步性的例外

原則上專利申請案在申請前已公開者，因為其技術已被公眾所知悉，故喪失新穎性，將不會被准予專利，惟此種申請前已公開而失去**新穎性**的效果並非絕對，各國專利法對於某些特殊狀況給予一段時間的寬限期，使得即使申請案在申請前已公開，仍不喪失**新穎性**，又稱為**新穎性**優惠期。

我國專利法已將**新穎性**優惠期擴大適用至**進步性**，又可稱為專利優惠期，亦即於申請發明或新型專利前，申請人出於本意或非出於本意所致公開之事實發生後十二個月內申請者，該事實就非屬專利法二十二條第一項所列之不具**新穎性**或第二項之不具**進步性**規定之情事。設計專利之申請人出於本意或非出於本意所致公開之事實發生後六個月內申請者，該事實就非屬專利法一百二十二條第一項所列之不具**新穎性**或第二項之不具創造性規定之情事。

將優惠期之適用範圍擴及**進步性**，其主要目的是不得以申請人主張優惠期之事由，作為不具**進步性**之引證資料。亦即審查人員不得引用主張優惠期所公開的內容或將該內容結合其他先前技術，依據多個先前技術對該申請案以不具**進步性**核駁。

---

註7： 2000 年 12 月 20 日，中國大陸專利復審委員會作出第 2394 號無效宣告請求審查決定。本案所涉及的是一項名稱為「真空預壓加固軟土地基法」的發明專利。其**申請日**為 1985 年 12 月 4 日。由於申請前已有依照該發明的內容進行施工法院認定不構成公開的主張不能成立。根據該案判決的觀點，即使從事施工的人員負有明示的或默示的保密義務，該行為本身已經構成了公開使用。亦即，對於一個在沒有採取保密措施的場地上進行的施工活動，從中了解有關技術的人不僅是施工人員還包括旁觀者。因此，施工人員因其負有保密義務而被作為特定人並不意味著旁觀者也負有保密義務。在施工技術比較直觀且相對較長的時間內未處於隱密狀態的情況下，應當認定所實施的技術已經處於為公眾所知的狀態。http://www.sipo.gov.cn/sipo/ywdt/mtjj1/t20050519_47352.htm

此外，以下介紹舊法有關**新穎性**優惠期之特殊規定與定義，使讀者更加了解。

## 一、實驗而公開

優惠期之適用對象僅限於已完成之發明，不包括未完成之發明。所謂「實驗」，指對於已完成之發明，針對其技術內容所為之效果測試，不論其公開之目的，因此，商業性實驗或學術性實驗皆可主張。舊法所稱「研究」係指對於未完成之發明，所為之探討或改進，無主張本款之必要。故各大學或研究機構於研究後進行論文發表，倘發表之論文所記載係未完成之發明，則不會構成阻礙其申請發明之**新穎性**或**進步性**。

## 二、於刊物發表

申請人對於已完成之發明，出於自己之意願於刊物發表其技術內容，得主張本款。本款之適用僅以申請人因己意於刊物發表為要件，不論發表之目的，因此，不論是商業性發表或學術性發表皆得主張，例如：各大學或研究機構於研究後，將已完成之發明進行論文發表。

## 三、政府主辦或認可之展覽會

此一優惠期的由來係於一八七三年時，奧地利維也納舉辦一項國際博覽會，邀請許多國家參加，但許多廠商擔心其發明被抄襲而不願意參加。為此美國向奧國提出抗議，此一事件促使奧國政府制定一項對於展覽會產品的發明或技術與以臨時性的保護法令，且日後於一八八三年巴黎公約中明文規定對參展者提供優惠與保護。

所謂「政府主辦或認可」係指曾經我國政府之各級機關所核准、許可等而言。對於由工會、工商團體或如外貿協會等財團法人所主辦的展覽會，皆非政府主辦或認可之展覽，如資訊展、電腦工會所主辦之電腦展、機械展等展覽活動，主辦單位若非官方單位，則不屬於專利法之「**政府主辦或認可之展覽會**」，故無優惠期之適用。

有關**政府主辦或認可之展覽會**的認定，智慧局曾表示：我國專利法規定之「**政府主辦或認可之展覽會**」為符合互惠國公平性及國際化之原則，亦宜參照巴黎公約之規定認定，即展覽會必須為政府單位列名，或政府單位協辦或委託辦理之展覽會，方得適用此規定。電腦展之主辦單位若為外貿協會及電腦同業公會，因均非受

立法院監督之官方單位，亦無政府明訂給予認可之地位，故應無優惠期之適用<sup>註8</sup>。嗣後對「**政府主辦或認可之展覽會**」的認定則採寬鬆的個案認定方式<sup>註9</sup>。

## 四、非出於申請人本意而洩漏者

申請人之相關專利技術文件在非出於申請人意願下被洩漏時，若申請人可以提出相關證據，在被洩漏六個月內不影響該技術申請專利的**新穎性**。

## 五、中國大陸的規定

申請專利的發明創造在**申請日**以前六個月內如有：(1) 在中國政府主辦或者承認的國際展覽會上首次展出的；(2) 在規定的學術會議或者技術會議上首次發表的；(3) 他人未經申請人同意而洩露其內容者。則不喪失**新穎性**。

# 7-6　上、下位概念的意義

對於是否具有**新穎性**，常遇到的問題包括一發明的技術已經有相同的產品採用了類似的技術，如此一來則此一發明是否仍具有**新穎性**？

以界、門、綱、目、科、屬、種為例，界的範圍最大、種的範圍最小，界為門、綱、目、科、屬、種的上位概念；而種則為界、門、綱、目、科、屬的下位概念。以實物為例，如一種書寫工具即包括鉛筆、鋼筆、原子筆、毛筆、鴨嘴筆及自動鉛筆等，書寫工具為各式筆的上位概念，各式的筆則為書寫工具的下位概念。

在**新穎性**的比對中，上位概念技術的揭露不影響下位概念技術的**新穎性**，例如：具有發光體的溜冰鞋不影響具冷光發光表面溜冰鞋的**新穎性**。又如某項技術中金屬製的物品不影響鋁製物品的**新穎性**。相反的鋁製物品的揭露則會使後申請者主張金屬製為特徵的物品喪失**新穎性**。

因此雖然相同的產品採用了類似的技術（先前技術），若當本發明與先前技術可共同上位化時，則本發明與先前技術相比較顯然有所差異，故仍具**新穎性**。但若本發明係先前技術的上位概念則本發明喪失**新穎性**。若本發明係先前技術的下位概念時則本發仍具**新穎性**。

---

註 8：　經濟部智慧財產局八十九年六月二十日回覆電子郵件。

註 9：　經濟部智慧財產局於一百零四年五月十八日電子郵件函釋、一百零四年十二月十七日電子郵件函釋。

## 7-7　進步性

對於一專利申請案通過**產業利用性**及**新穎性**的檢驗之後，至少可以得知這樣的技術是新的，與過去技術有所差異或不同。但是，是否所有與先前技術有差異的申請案皆可准予專利，如果與既有技術相比較，僅有些微的差異是否仍可取得專利權？在專利要件的判斷上設計了所謂的「**進步性**」的門檻，「**進步性**」在各國專利法中出現不同的名詞而且稍有差距。

**進步性**的概念不像「**新穎性**」一般，在專利制度的初期就形成的專利要件，而係分別由三個重要的國際公約，包括一九六三年的斯特拉斯堡公約、一九七○年的國際專利合作公約及一九七三年的歐洲專利公約所肯認。

在二十世紀六○年代以後才逐漸被各國所接受。例如：法國自一八四八年以來，專利法中專利要件僅包括**產業利用性**及**新穎性**，直到一九六八年才納入**進步性**要件。

### 一、我國之規定

我國專利法對於「**進步性**」之規定為：「發明或新型雖無不符**新穎性**所列情事，但為其所屬技術領域中具有通常知識者依申請前之先前技術所能輕易完成時，仍不得依本法申請取得發明專利。」

我國審查基準對於申請專利範圍所記載之發明之「**進步性**」的判斷步驟為：(1) 確定申請專利之發明的範圍；(2) 確定相關先前技術所揭露的內容；(3) 確定申請專利之發明所屬技術領域中具有通常知識者之技術水準；(4) 確認申請專利之發明與相關先前技術之間的差異；(5) 該發明所屬技術領域中具有通常知識者參酌相關先前技術所揭露之內容及申請時的通常知識，判斷是否能輕易完成申請專利之發明的整體。

申請專利之發明是否具**進步性**，主要係依前述**進步性**之判斷步驟進行審查；若申請人提供輔助性證明資料支持其**進步性**時，應一併審酌。輔助性證明資料皆得佐證該發明並非能輕易完成，該等資料包括：(1) 發明具有無法預期的功效；(2) 發明解決長期存在的問題；(3) 發明克服技術偏見；(4) 發明獲得商業上的成功。

## 二、中國大陸之規定

中國大陸稱為「創造性」（Creativeness）：「創造性，是指與現有技術相比，該發明具有突出的實質性特點和顯著的進步，該實用新型具有實質性特點和進步。[註10]」

中國大陸審查指南第二部第四章創造性中對於先前技術的定義為：**申請日**以前在國內外出版物上公開發表、在國內公開使用或者以其他方式為公眾所知的技術。

對於所屬技術領域的技術人員的定義為：所屬技術領域的技術人員，也可稱為本領域的技術人員，是指一種假設的「人」，假定他知曉**申請日**或者優先權日之前發明所屬技術領域所有的普通技術知識，能夠獲知該領域中所有的現有技術，並且具有應用該日期之前常規實驗的手段和能力，但他不具有創造能力。如果所要解決的技術問題能夠促使本領域的技術人員在其他技術領域尋找技術手段，他也應具有從該其他技術領域中獲知該**申請日**或優先權日之前的相關現有技術、普通技術知識和常規實驗手段的能力。

對於「創造性」的判斷包括：(1) 突出的實質性特點；(2) 顯著的進步；(3) 輔助性審查。

其中突出的實質性特點之判斷步驟為：(1) 確定最接近的現有技術；(2) 確定發明的區別特徵和其實際解決的技術問題；(3) 判斷要求保護的發明對本領域的技術人員來說是否顯而易見。

對於顯著的進步，審查指南則列舉以下係具有有益的技術效果：(1) 發明與最接近的現有技術相比具有更好的技術效果。例如：質量改善、產量提高、節約能源、防治環境汙染等；(2) 發明提供了一種技術構思不同的技術方案，其技術效果能夠基本上達到現有技術的水平；(3) 發明代表某種新技術發展趨勢；(4) 儘管發明在某些方面有負面效果，但在其他方面具有明顯積極的技術效果。

對於輔助性審查列舉一些特定情況下，係具有突出的實質性特點和顯著的進步，具備創造性：(1) 發明克服了技術偏見；(2) 發明取得了預料不到的技術效果；(3) 發明在商業上獲得成功。

---

註 10：參見中國大陸專利法第 22 條第 3 款。

## 三、美國之規定

美國稱為「非顯而易知性」（Non-obviousness），其定義係：「一項具有**新穎性**的發明，若申請專利的內容與既有技術之間的差距非常微小，為該發明完成時對於該項技術的通常技術水準者而言是顯而易見的，則不能取得專利權[註11]」。

一八五〇年 Hotchkiss v. Greenwood[註12] 案被認為是美國最早認定非顯而易知性的案例，該案所涉及的是一項澆鑄具有鳩尾槽榫接結構的陶瓷門把製造方法，該專利包括製模、翻轉、燒窯及上釉等製造陶瓷門把的步驟及製品[註13]。當時最高法院認為，該發明唯一新穎的是門把材質的替換（由金屬替換成陶瓷），若該新把手的完成不須較一般技藝人士更具「獨特性」和「技巧性」者，即使比較好用或比較便宜仍不具可專利性，故宣告該專利無效[註14]。

一八七三年 Hicks v. Kelsey[註15] 案美國最高法院更進一步揭示一項發明之可專利性應具備：(1) 新而有用；(2) 增進功效或可以明確減少操作步驟者[註16]，該案所涉及的是馬車控制橫桿材質的替換，Bradley 法官指出將馬車用的控制橫桿以鐵桿置換木桿的手段，僅達到既有相同的目的，對於該機械本質並沒有改變，判定該專利無效。由於該等案係發生在一九五二年前，故法院係以不具**新穎性**宣告該案無效。美國專利法係於一九五二年首次將以法律明定非顯而易知性之專利要件。

在美國的判例法中關於判斷「非顯而易知性」最重要的案例為一九九六年之 Graham v. John Deere Co. of Kansas City[註17] 案，在該案中法院指出，依據美國專利法 103 條決定發明案是否具非顯而易知性必須在以下背景下判斷：(1) 認定先前技術的範圍及內容；(2) 確認先前技術與申請專利範圍間的差異；(3) 在相關技術領域中通常技藝者的技術水準[註18]。考慮非顯而易知性的輔助性因素（secondary considerations）則包括：(1)商業上的成功；(2)長期未解決的難題；(3)他人的失敗等。

---

註 11：35 U.S.C. 103 Conditions for patentability; non-obvious subject matter.

註 12：Hotchkiss v. Greenwood 52 U.S. 248 U.S., 1850.

註 13：Id. at 248-49.

註 14：Id. at 253-52.

註 15：Hicks v. Kelsey 85 U.S. 670 (Mem) U.S., 1873.

註 16：Id. at 673.

註 17：Graham v. John Deere Co. of Kansas City 148 U.S.P.Q. 459 U.S.Decided Feb. 21, 1996.

註 18：Id. at 467.

　　美國專利商標局在其專利審查基準（MPEP）中亦依據前述判決制定了判斷非顯而易知性的四個需要實際調查的事實[註19]，即：(1) 確定（Determining）先前技術的範圍及內容；(2) 查明（Ascertaining）先前技術與申請專利範圍間的差異；(3) 決定（Resolving）在相關技術領域中通常技藝者的技術水準；(4) 評估（Evaluating）輔助性因素的證據。

　　不論稱「**進步性**」、「創造性」或「非顯而易知性」，其判斷的方式皆是以申請時技術為基準，以當時該行業具有通常技術水準者作為判斷標準。「**進步性**」是一個相對的概念，主要的精神在於探究申請案與既有技術間的差異是否有技術上的貢獻。此一要件在專利審查的過程中為專利審查委員自由心證比例最大者，「**進步性**」的判斷是靠存在於審查委員心中的一把無形尺自為衡量，較具主觀的性質。

## 7-8　早期公開

　　我國自二○○四年七月一日版專利法實行後，導入發明**早期公開**制度，意即發明申請案於申請十八個月後不論事後是否核准將依法公開。而對於核准的案件則在收到審定書後三個月內必須繳納證書費及第一年年費（同時檢附請領證書之申請書），始予公告及發證。屆期未繳納年費者，則不予公告且專利權自始不存在。

　　對於發明專利在核准前之**早期公開**之案件如何尋求保護？在我國專利法規定，發明專利申請人對於申請案公開後，曾經以書面通知發明專利申請內容，而於通知後公告前就該發明仍繼續為商業上實施之人，得於發明專利申請案公告後，請求適當之補償金。對於明知發明專利申請案已經公開，於公告前就該發明仍繼續為商業上實施之人，亦得請求。補償金之請求權，不影響其他權利之行使。補償金請求權，自公告之日起，二年間不行使而消滅。惟設若申請案公開後並未核准，則自無補償金得請求的問題。

---

註 19：2141 35 U.S.C. 103.

# 7-9　專利審查與行政救濟流程

　　我國現行之專利法，由於發明專利採**早期公開**及請求審查制、新型專利採型式審查制，設計專利採依職權進行審查制，因此發明、新型及設計專利的審查及**行政救濟**流程與過去相異且各有不同（圖 7-3 ～ 7-5）。

　　其中發明專利有可公開與否的審查及實質審查，保留再審查制度。新型專利採型式審查，廢除再審查制度，新增**技術報告**項目。設計專利維持原制度。

　　發明專利與設計專利，如不服初審核駁審定者，可於初審核駁審定書送達六十日內，向智慧局提出再審查。

　　其中關於發明專利申請案，於 2015 年 4 月 1 日起智慧局受理發明專利申請案申請延緩實體審查以便於配合專利申請人申請策略、布局及商品化時程。其適用範圍僅限於發明專利申請案。惟具有下列情事之一者，不適用：(1) 該申請案已受有審查意見通知或已審定；(2) 該申請案已提出分割之申請；(3) 該申請案係由第三人提出之實體審查申請；(4) 該申請案已提出加速審查或已提出專利審查高速公路之申請者。

　　又申請延緩實體審查之時機，應於申請實體審查同時或嗣後為之，但不得晚於**申請日**後三年。該申請案有主張優先權者，前述期間以向我國提出之**申請日**為準。

　　於**行政救濟**部分，發明專利及設計專利與過去相同，不服再審查審定者，可於再審查審定書送達三十日內向經濟部提起訴願；不服訴願決定者，可於訴願決定書送達二個月內向高等行政法院提起行政訴訟；不服高等行政法院判決者，可於高等行政法院判決書送達二十日內向最高行政法院提起上訴。

　　新型專利之**行政救濟**則係如不服初審核駁處分者，可於初審核駁處分書送達三十日內向經濟部提起訴願；不服訴願決定者，可於訴願決定書送達二個月內向高等行政法院提起行政訴訟；不服高等行政法院判決者，可於高等行政法院判決書送達二十日內向最高行政法院提起上訴。

　　關於**技術報告**部分，如對於**技術報告**的評價不服，依目前制度的設計，主管機關對於**技術報告**認定為非行政處分，故尚無救濟途徑。

現行（一百一十二年）三種專利案件的審查及**行政救濟**流程圖如下[註20]：

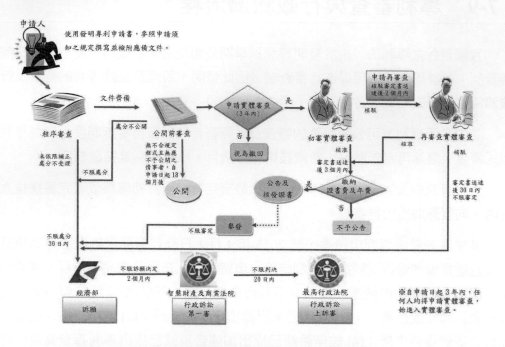

**圖 7-3** 發明專利審查及行政救濟流程圖

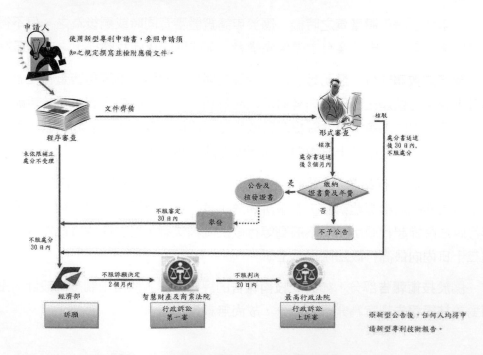

**圖 7-4** 新型專利審查及行政救濟流程圖

註 20：智慧財產局─專利審查及**行政救濟**流程（https://topic.tipo.gov.tw/patents-tw/lp-714-101.html）。

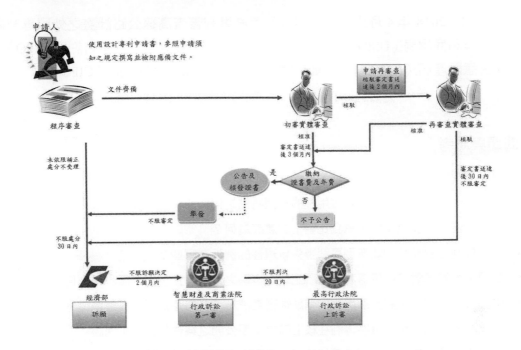

**圖 7-5** 設計專利案審查及行政救濟流程圖

# 7-10 專利審查高速公路

專利審查高速公路（Patent Prosecution Highway，簡稱 PPH）制度，係指當一發明專利申請案之部分或全部請求項在第一申請局（office of first filing，簡稱 OFF）經過實質審查獲准專利後，該案之申請人可以提供第二申請局（office of second filing，簡稱 OSF）相關檢索與審查資料，使第二申請局可以利用第一申請局的檢索與審查結果加以參考，進而得以加速該申請案的審查進度。

專利審查高速公路是參與合作計畫之專利局間相互利用審查結果，減少重複審查工作之合作模式，並不表示申請案獲第一申請局核准，第二申請局就當然會核准該專利申請。

因為專利審查高速公路係第二申請局參考第一申請局核准之檢索及審查資料，因此規定申請人以取得第一申請局核准專利向第二申請局請求加速審查時，向第二申請局提出之申請專利範圍必須與第一申請局之申請專利範圍完全相同或是範圍更為限縮。

　　目前（2018 年 4 月止）與我國合作實施專利審查高速公路計畫之外國專利局有美國專利商標局（USPTO）、西班牙專利商標局（SPTO）、日本特許廳（JPO）、韓國智慧財產局（KIPO）、波蘭專利局（PPO）及加拿大智慧局（CIPO）。

## 問題與思考

1. 專利要件審查的三個步驟為何？
2. 依據中國大陸之專利法規具實用性的三個特點為何？
3. 專利審查中對於新穎性「單獨比對」的意義為何？
4. 我國專利法對於發明或新型專利喪失新穎性的例外有哪些？
5. 我國審查基準對於申請專利範圍所記載之發明之「進步性」的判斷步驟為何？
6. 中國大陸專利法規對於創造性的輔助性審查認為哪些特定情況下具有創造性？
7. 依我國專利法規定，發明專利在核准前之早期公開之案件如何尋求保護？
8. 美國審查基準中對於非顯而易知性規定需要實際調查的事實有哪些？

**Chapter**

# *8* 專利公報

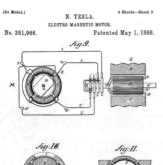
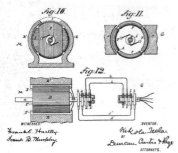

▲ US381968_1888 年獲准的特斯拉電磁馬達專利

---
**學習關鍵字**
---

- INID 代碼　　　　092

# 8-1 專利公報中 INID 代碼的意義

專利公報中每一專利的首頁中，主要資訊前通常冠有記載著 2 位數字的國際標準代碼。該代碼為易於識別和查找專利文獻的著錄專案內容，便於電腦存貯與檢索。自一九七三年起，各國專利局出版的專利文獻開始標注由世界智慧財產權組織（WIPO）巴黎聯盟專利局間情報檢索國際合作委員會（ICIREPAT）規定使用的專利文獻目錄資料代碼，即 **INID 代碼**（Internationally agreed Numbers for the Identification of (bibliographic) data）。

於一九九七年工業產權資訊常設委員會（Permanent Committee on Industrial Property Information 簡稱 PCIPI）通過了一項新版專利文獻標準（即關於專利及補充保護證書的目錄資料的建議），將專利文獻目錄資料由原來的八個大項擴充為九個大項包括：(1) 文獻標誌；(2) 專利申請或補充保護證書資料；(3) 依照巴黎公約規定的優先權數據；(4) 文獻的公知日期；(5) 技術資訊；(6) 與國內或前國內專利文獻，包括其未公布的申請有關的其他法律或程式引證；(7) 與專利或補充保護證書有關的人事引證；(8) 與國際公約（除巴黎公約之外）有關的，以及 (9) 與補充保護證書法律有關的資料。

各常用代碼所代表的內容介紹如下：

**[10] 文獻標誌**

    [11] 文件編號（例如：申請號、公開號、公告號）

    [12] 文件類別（早期公開案件或經審查核准）

    [13] 有關專利修正的資訊

    [14] 國別或地區代碼

**[20] 申請國的登記資料**

    [21] 申請號

    [22] 申請日期

    [23] 其他日期（包括提出臨時說明書之後再提出完整說明書的日期、因展覽所主張的優先權日期）

    [24] 所有權生效日期（登錄日）

    [25] 原申請案公布時的語文種類

    [26] 申請公布的語文種類

**[30] 優先權資訊**

[31] 優先權申請號

[32] 優先權申請日期

[33] 優先權申請國家或組織地區之代碼（根據 PCT 程式提出的國際申請，應使用代碼「WO」）

[34] 依地區或國際協定提出的優先申請中的國家代碼（至少有一個地區或國際申請提交的國家是巴黎聯盟成員國）

**[40] 文件的公開日期**

[41] 未經審查或尚未核准授權的專利說明書，提供公眾閱覽或複印的日期

[42] 經過審查但尚未核准授權的專利說明書，提供公眾閱覽或複印的日期

[43] 未經審查之專利說明書的印刷或類似方法公布的日期（即公開日）

[44] 經過審查尚未授權的專利說明書文獻以印刷或類似方法公布的日期（即公告日）

[45] 經審查獲准授權的專利說明書以印刷或類似方法公布的日期（公報出版日期）

[46] 僅限於專利申請專利範圍的公布日期

[47] 獲准授權的專利說明書，對公眾閱覽或提供複印的日期

[48] 經過修正的專利說明書公布日期

**[50] 技術資訊**

[51] 國際專利分類

[52] 本國分類

[54] 發明名稱

[56] 引證文獻

[57] 摘要或申請專利範圍

[58] 檢索範圍

**[60] 與申請的專利案件有關的其他法律或程式的文件**

[61] 較早申請案的申請號

[62] 分割案之母案的申請日期及申請號

[63] 延續案之母案的申請日期及申請號

[64] 被再公告的專利號（記載原專利的文獻號）

[65] 與該申請有關的早期公開的專利文獻號

[66] 同一發明先申請案被駁回之後提出之後申請案

[67] 被主張國內優先權的申請案日期及申請號

**[70]** 與專利有關的人事資料

[71] 申請人

[72] 發明人

[73] 受讓人

[74] 專利代理人或代表人姓名

[75] 申請人與發明人相同的姓名

[76] 申請人與發明人及受讓人相同的姓名

**[80]** 與國際公約（除巴黎公約之外）有關資料

[81] 根據專利合作條約（PCT）的指定國家

[82] 指定國

[83] 依據布達佩斯條約微生物保存的有關資訊

[84] 根據地區專利公約指定的締約國家

[85] 根據專利合作條約第 23 條或第 40 條進入國家階段的日期

[86] PCT 國際申請的申請資料，如國際申請日期，國際申請號及語文種類

[87] PCT 國際申請的公布資料，如國際公布日期，國際申請號及語文種類

[88] 檢索報告的公布日期

[91] 根據 PCT 提出的國際申請日期。

[92] 第一次國家允許作為醫藥品向市場供貨的日期及號碼（用於補充保護證書）

[93] 第一次允許作為藥品向地區經濟共同體市場供貨的號碼、實施日期及國家（用於補充保護證書）

[94] 補充保護證書的有效期及有效期屆滿的計算日期

[95] 受基本專利保護並申請了補充保護證書或已授予了補充保護證書的產品名稱。

[96] 地區申請資料，即申請日、申請號、最初提出申請公布的任意語種。

[97] 地區申請（或已經授權的地區專利）公布資料，即公布日期、公布號、申請（或專利）公布的任選語種。

\* 注意事項（包括因審查延遲而將專利權延長的期限）[註 1]

\*\* 自公告之日起起算之專利年限（美國專利在 1995 年 6 月 8 日前獲准的「發明專利」，其專利期限為專利核准公告之日起算 17 年。在 1995 年 6 月 8 日之前申請但在 1995 年 6 月 8 日之後獲准的「發明專利」其專利期限則為可選擇從獲准日起算 17 年，或從美國申請日起算 20 年期限較長者。1995 年 6 月 8 日以後申請的「發明專利」申請案，將來獲准後其專利期限為申請日起算 20 年。）[註 2]

---

註 1： 美國專利公報特有之書目資料。

註 2： 美國專利公報特有之書目資料。

## 8-2　各主要國家或地區之專利公報樣式（圖8-1～8-6）

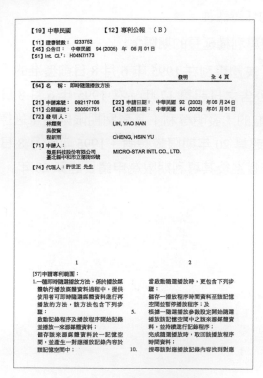

圖 **8-1**　我國專利公報首頁

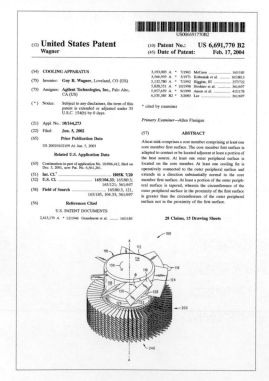

圖 **8-2**　美國專利公報首頁

[19]中华人民共和国专利局

[11] 公开号 CN 1116400A

[12] **发明专利申请公开说明书**

[21]申请号 95107853.4

[51]Int.Cl⁶

[43]公开日 1996 年 2 月 7 日

H05K　7 / 20

[22]申请日 95.7.6
[30]优先权
[32]94.7.6　[33]JP[31]154627 / 94
[71]申请人　松下电器产业株式会社
　地址　日本大阪府门真市
[72]发明人　井上孝夫　旭田顺治
　　　　　西木直己　森和弘

[74]专利代理机构　上海专利商标事务所
　代理人　刘立平

权利要求书 1 页 说明书 10 页 附图页数 5 页

[54]发明名称　部件的冷却结构
[57]摘要
　一种用于冷却发热的电子零件或工具等的部件的冷却结构,该结构为具有高取向性的石墨制的散热构件。该构件包括冷却件 20, 密封盒, 导热片, 导热线, 散热片, 柄, 刀头, 石墨片等的冷却用构件。

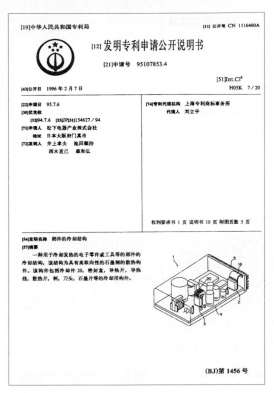

(BJ)第 1456 号

**圖 8-3**　中國大陸專利公開公報首頁

---

[19]中华人民共和国国家知识产权局

[51] Int. Cl⁷
G01N 35/00
G01N 33/18

[12] **实用新型专利说明书**

[21] ZL 专利号 01226409.1

[45]授权公告日 2002 年 12 月 18 日

[11] 授权公告号 CN 2526848Y

[22]申请日 2001.06.05　[21]申请号 01226409.1
[73]专利权人　北京市紫微星实业总公司
　地址　101300 北京市顺义区城西紫微星实业总
　　　　公司
[72]设计人　梁桂林

[74]专利代理机构　北京市汇泽专利商标事务所
　代理人　张若华

权利要求书 1 页 说明书 3 页 附图 2 页

[54]实用新型名称　轻质隔墙板原料自动测水装置
[57]摘要
　一种轻质隔墙板原料自动测水装置,主要由计算机、重量传感器、水份分析仪、水流量检测器、模/数转换器、供水电磁阀、显示电路所构成,重量传感器和水份分析仪安装在被测原料的传送通道中,经分时动态测量,得到各原料的重量值和含水率,并由模/数转换器输入计算机,各原料干混搅拌后在计算机的控制下由供水电磁阀加水并进行湿混搅拌,如此可以准确控制混合物料的水灰比,提高制品的质量。

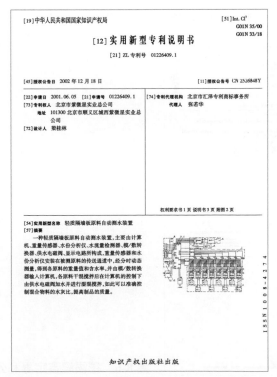

ISSN 1008 - 4274

知识产权出版社出版

**圖 8-4**　中國大陸實用新型專利公報首頁

98

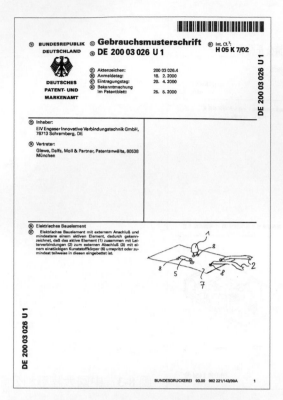

**圖 8-5**　德國專利公報：首頁 / 登錄制

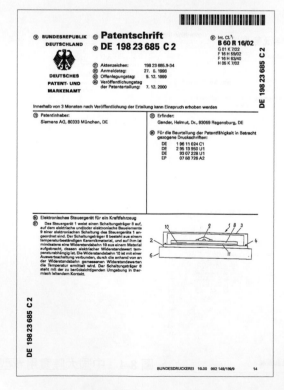

**圖 8-6**　德國經審定專利公報首頁

# 8-3　美國專利公報首頁編碼例式

下圖為美國第 90527420 號（MOBILE ROBOT）「可移動機器人」專利公告首頁（圖 8-7）。

---

US009052720B2

(12) **United States Patent**
　　　Chan et al.

(10) **Patent No.:**　US 9,052,720 B2
(45) **Date of Patent:**　Jun. 9, 2015

(54) **MOBILE ROBOT**

(71) Applicant: **MSI COMPUTER (SHENZHEN) CO., LTD.**, Shenzhen, Guangdong Province (CN)

(72) Inventors: **Hoa-Yu Chan**, Taipei (TW); **Shih-Che Hung**, Hsinchu (TW); **Yao-Shih Leng**, Taipei (TW)

(73) Assignee: **MSI COMPUTER (SHENZHEN) CO., LTD.**, Shenzhen (CN)

( * ) Notice: Subject to any disclaimer, the term of this patent is extended or adjusted under 35 U.S.C. 154(b) by 35 days.

(21) Appl. No.: **14/139,343**

(22) Filed: **Dec. 23, 2013**

(65) **Prior Publication Data**
　　　US 2014/0324270 A1　　Oct. 30, 2014

(30) **Foreign Application Priority Data**
　　　Apr. 26, 2013　(CN) ......................... 2013 1 0159582

(51) **Int. Cl.**
　　　*G01C 22/00*　　(2006.01)
　　　*G05D 1/02*　　(2006.01)
　　　*G01S 17/46*　　(2006.01)
　　　*G01S 17/42*　　(2006.01)
　　　*G01S 17/93*　　(2006.01)
　　　*G01S 7/481*　　(2006.01)

(52) **U.S. Cl.**
　　　CPC ............. *G05D 1/0246* (2013.01); *G01S 17/46* (2013.01); *G01S 17/42* (2013.01); *G01S 17/936* (2013.01); *G01S 7/4814* (2013.01); *G01S 7/4817* (2013.01); *Y10S 901/01* (2013.01)

(58) **Field of Classification Search**
　　　CPC ........ B25J 11/009; B25J 9/16; G05D 1/0227; G05D 1/024; G05D 1/02; G05B 15/00; G05B 19/04; H04N 13/02; G06F 19/00; G06K 9/00
　　　See application file for complete search history.

(56) **References Cited**

U.S. PATENT DOCUMENTS

| | | | | |
|---|---|---|---|---|
| 8,658,911 B2 * | 2/2014 | Cases et al. | ................... | 174/266 |
| 8,918,209 B2 * | 12/2014 | Rosenstein et al. | ............ | 700/254 |
| 2012/0182392 A1 * | 7/2012 | Kearns et al. | ............... | 348/46 |
| 2012/0185094 A1 * | 7/2012 | Rosenstein et al. | ............ | 700/259 |
| 2013/0226344 A1 * | 8/2013 | Wong et al. | ................ | 700/258 |
| 2014/0188325 A1 * | 7/2014 | Johnson et al. | ............. | 701/26 |
| 2015/0073646 A1 * | 3/2015 | Rosenstein et al. | ............ | 701/28 |

* cited by examiner

*Primary Examiner* — Behrang Badii
(74) *Attorney, Agent, or Firm* — Birch, Stewart, Kolasch & Birch, LLP

(57) **ABSTRACT**

A mobile robot including a light emitting unit, a processing unit, an optical component, an image sensing unit, a control unit and a moving unit is provided. The light emitting unit emits a main beam. The processing unit diverges the main beam to a plurality of sub-beams. The sub-beams constitute a light covering an area. When a portion of the sub-beams irradiate a first object, the first object reflects the sub-beam and a plurality of reflected beams are reflected. The optical component receives the reflected beams and converges it to a first collected beam. The image sensing unit converts the first collected beam into a first detection result. The control unit calculates depth information according to the first detection result. The control unit activates the relevant behavior of the mobile robot according to the depth information and controls the mobile robot through the moving unit.

**25 Claims, 8 Drawing Sheets**

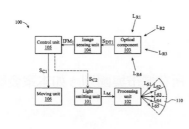

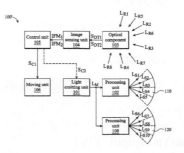

**圖 8-7**　美國專利公報首頁

該美國專利公告首頁對照 INID 的各項資訊分別為：

**(10)US 9,052,720 B2 專利授權號：**

如本案 US 9,052,720 B2 為美國發明專利公告第 9,052,720 號，B2 表示本案於公告之前，曾經早期公開過（若公告之前未曾經早期公開過的案件則標示 B1）。2001 年 1 月 2 日之前的美國專利號碼的標示編碼則為 **(11) 專利號碼（Patent number）**。當時發明專利、設計專利與植物專利的標示分別為：

發明專利：為純數字序號，如：6,150,000（檢索時則輸入 6150000 或 6,150,000）。

設計專利：以字母 Des 開頭，如：Des. 305,405（檢索時則輸入 D305405 或 D305,405）。

植物專利：以字母 Plant 開頭，如：Plant 6,250（檢索時則輸入 PP6250 或 PP6,250）。

**(12) 公開或公告的文件類別（Type of Document）：**

如本案為核准公告的發明專利（United States Patent）。其下為第一發明人的姓氏（last name）（如本案第一發明人為 Chan），後面加上 et al. 表示本件專利的發明人不只一位。

**(45) 專利公告日期（Date of patents）：**

如本案係於 2019 年 6 月 5 日公告核准。

**(54) 專利 / 發明名稱（Title）：**

如本案的專利名稱為 MOBILE ROBOT。

**(71) 申請人（Applicant）：**

申請人的記載項目包括：申請人名稱、所在城市與國別。如本案申請人為 MSI COMPUTER (SHENZHEN) CO., LTD.

**(72) 發明人（Inventors）：**

發明人的記載項目包括：發明人姓名、所在城市與國別。如本案發明人有三位分別為：

Chan; Hoa-Yu (Taipei, TW),

Hung; Shih-Che (Hsinchu, TW),

Leng; Yao-Shih (Taipei, TW)。

## (73) 受讓人 / 專利權人（**Assignee**）：

受讓人 / 專利權人的記載項目包括：受讓人 / 專利權人名稱、居住地與國別。如本案的專利受讓人 / 專利權人為 MSI COMPUTER (SHENZHEN) CO., LTD. (Shenzhen, CN)

## ( ＊ )（**Notice**）：

關於專利權期限的調整或補償通知。根據美國 35 U.S.C. 154(b) 規定，若因官方延誤而導致申請案延遲核准公告者，專利權人可獲得專利權期限的調整補償。如本案之專利權期限調整延長 35 天。

## (21) 專利申請號（**Appl. No.**）：

提出專利申請時的申請號。如本案的專利申請號為 14/139,343。

## (22) 專利申請日（**Filed**）：

提出專利申請的日期。如本案的專利申請日為 2013 年 12 月 23 日。

## (65) 早期公開日（**Prior Publication Data**）：

早期公開日的記載項目：包括申請後早期公開日期及早期公開號。如本案的早期公開日為 2014 年 10 月 30 日，早期公開號為 US 20140324270 A1。

## (30) 主張優先權的國外在先申請案申請日 (**Foreign Application Priority Data**)：

優先權的記載項目：包括主張優先權之申請日及主張優先權的申請號。如本案所主張優先權的外國申請案之申請日為 2013 年 4 月 26 日，主張優先權的外國申請案申請號為 [CN]2013 1 0159582。

## (51) 國際專利分類號（**Int. Cl.**）：

發明專利案的國際專利分類類別。如本案的國際專利分類為 G01C 22/00 (20060101); G01S 17/46 (20060101); G05D 1/02 (20060101); G01S 17/42 (20060101); G01S 17/93 (20060101); G01S 7/481 (20060101)。

## (52) 美國專利分類號（**U.S. Cl.**）：

發明專利案的美國專利分類類別，粗體字代表主要類號，CPC 則為美國商標局與歐洲專利局合作的專利文件分類系統。如本案的美國專利分類為 G01S 7/4817 (20130101); G01S 17/42 (20130101); G01S 17/46 (20130101); G01S 7/4814 (20130101); G01S 17/931 (20200101); G05D 1/0246 (20130101); Y10S 901/01 (20130101)

**(58) 檢索範圍（Field of Search）：**

係指專利審查委員於審查時，所檢索過的美國專利分類。如本案納入檢索的美國專利分類為 B25J 11/009;B25J 9/16;G05D 1/0227;G05D 1/024;G05D 1/02;G05B 15/00;G05B 19/04; H04N 13/02; G06F 19/00;G06K 9/00

**(56) 引用文獻（References Cited）：**

包括申請人在 IDS 中提供的參考文獻及審查委員根據檢索結果曾參考、引證的相關資料（＊）。如本案於審查時審查委員根據檢索結果曾參考、引證的美國案包括：

8658911B2 February 2014 Cases et al.

8918209B2 December 2014Rosenstein et al.

2012/0182392 A1 July 2012 Kearns et al.

2012/0185094 A1 July 2012 Rosenstein et al.

2013/0226344 A1 August 2013 Wong et al.

2014/0188325 A1 July 2014 Johnson et al.

2015/0073646 A1 March 2015 Rosenstein et al.

引用文獻下方為審查委員姓名

Primary Examiner：Badii;Behrang

**(74) 代理人或事務所名稱 Attorney, Agent or Firm：**

如本案代理事務所為 Birch, Stewart, Kolasch & Birch, LLP

**(57) 摘要（Abstract）：**

主要係提供國際間專利資料的交換，並可讓審查委員快速瞭解的本發明技術概要。

## 問題與思考

1. 專利文獻目錄資料有哪九項？
2. 試就各國專利公報解釋其專利文獻目錄資料的意義。

# 申復、答辯與行政救濟

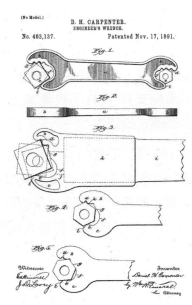

▲ US463137_1891 年獲准的萬用
板手專利

---

## 學習關鍵字

| | | | | | |
|---|---|---|---|---|---|
| ▪ 核駁理由 | 106 | ▪ 撤銷 | 109 | ▪ 證據能力 | 106 |
| ▪ 申復 | 106 | ▪ 專利無效 | 112 | ▪ 訴願 | 110 |
| ▪ 舉發 | 109 | ▪ 證據力 | 114 | ▪ 行政訴訟 | 110 |

# 9-1 核駁理由的檢視與答辯

以我國的專利申請為例，除於在審查過程中認為有不予專利之情事時，審定前應先通知申請人限期**申復**之外，通常在初審階段，審查人員若對於是否合於專利要件有所疑慮時，仍會主動於初審審定前先通知申請人限期**申復**。**申復**期限通常國內案為三十天，國外案六十天，如要求實驗數據、模型或樣品，則**申復**期限可達九十天。如有特殊理由，有時亦可申請延期補送。

**核駁理由**包括：(1) 對說明書內容的不了解，說明書內容前後不能呼應或翻譯不當；(2) 申請專利範圍過廣或說明書中未能支持；(3) 不具產業上利用性；(4) 不具新穎性；(5) 不具進步性；(6) 其他內容或圖式的錯誤。

針對以上**核駁理由**的答辯分別為：(1) 檢視說明書內容，刪除並修正未能呼應的內容，必要時提供數據說明；(2) 在相同的發明主題下修正補充說明書內容，增加實施例，並提供申請專利範圍適當的支持，**申復**說明可能誤解的意義或文句；(3) 提供實驗證明、數據或樣品，必要時提出面詢要求直接與審查人員溝通；(4) 檢視不具新穎性之引證案的**證據能力**，即如係相同發明是否申請在先並經核准。或其公開的日期是否早於本案之申請日，技術構成是否相同或僅是名稱上的雷同；(5) 檢視不具進步性之引證案的**證據能力**，即其公開的日期是否皆早於本案之申請日。多個文件比對時，是否文件之間有技術關聯性，能否有教示的效果，是否為熟習該項技術者所能輕易完成的。提供與引證案的構成比對、達成效果的比對或實驗數據。(6) 對於其他內容或圖式的錯誤，應在不影響實質的條件下進行適當的修正或說明。

只要能克服審查人員提出的疑點，或提供可以核准專利的某種支持，一般而言，只要技術構成不同，原則上是可以獲准專利的。

**申復**時內容應包括：(1) 於主旨中說明回應某年某月之發文文號；(2) 說明**核駁理由**；(3) 分析**核駁理由**的誤解或違法審查之處（引用審查基準）；(4) 與引證案之技術說明、比對（數據的提供與說明書內容的引述）；(5) 綜合意見與結論（修正說明書或申請專利範圍）。

## 範例　申請案申復理由書

發文日期：○○○年○月○○日

發文字號：○○字第○○○○○○號

受文者：經濟部智慧財產局（專○組）

主　旨：為第○○○○○○○○○號「○○○○」發明專利申請案之申復說明相關事宜（以下簡稱本案）。

說　明：

一、 本案係遵照鈞局 ○○○ 年 ○ 月 ○ 日（○○）智專一（四）○○○○○ 字第 ○○○○○○○○○ 號申請案核駁理由先行通知書指示辦理，合先敘明。

二、 歸納申請案核駁理由先行通知書之理由主要係認為，本案「○○○○」……。與○○年○月○○日公告之專利公告編號第○○○○○○號「○○○○」（下稱引證一）及○○年○○月○日公告之專利公告編號○○○○○○號「○○○○」（下稱引證二），有相同構造與功效，引證案一已揭示……，引證二……；。認為本案為熟悉該項技術所能輕易完成，且功效上並未有所增進。

三、 針對通知書內容之疑點申復說明如下：

核駁先行通知書中之理由顯有誤解與不當，本案與引證案雖同為○○○○的技術領域，然在技術手段上有相當大的差異，比較說明如下：

（一） 貴審查委員對本案之技術顯有誤解，依核駁先行通知書中之所述之內容，貴審似……，惟本案之申請專利範圍乃在於：「……」。

（二） 對於申請專利範圍第一項而言（獨立項之比對），貴審查委員所引證之引證案一之……及引證二之……皆屬於本案說明書中所提及之既有技術（參見第○至○圖），與本案申請範圍所界定者完全不同，簡而言之，本案與習知技術之差異在於「……」，亦即○○○○不同，○○○○不同（請參閱第○圖及○圖）。貴審所引證有關本案……及……，則係分別為本案之申請專利範圍第○項及第○項（皆為第一項之附屬項）。

（三） 依照貴局所編印之專利審查基準第○○頁（如附件一）對附屬項的定義作具體之規定：**附屬項記載之內容係包括其所依附項目之全部技術內容**；是故，本案**引證案申請專利範圍第○項及第○項所載之內容係包含其所依附之申請專利範圍第一項請求項的全部技術內容在內**而非單指第○項及第○項……之構成，因此在獨立項不同的前提下，遑論附屬項之差異。

（四）申請人再次強調，習知技術所注重者僅在於對於…的設計，而本案更包括
了……的設計，亦即當……時經由本案之設計，由……達到〇〇〇〇的效
果。經由〇〇實驗的比較，習知之〇〇〇為〇〇，而〇〇則降為〇〇，
具有顯著的〇〇效果。

（五）依　鈞局所出版之審查基準第〇〇〇頁（如附件二）發明專利審查基準
關於進步性之判斷，其中肯定進步性之因素包括有利功效，而本案對照
先前技術確實具有〇〇之有利功效，應判斷具有肯定進步性之因素。且
本案與引證案一及引證二相較，經由〇〇實驗數據可知〇〇功效有顯著
提升而達「無法預期之功效」。由以上說明，可明顯辨別，本發明為具
有無法預期的功效，並克服技術偏見者，具新穎性及進步性。

四、綜上所述，貴　審查委員對本案之誤解應可冰釋，本案**在技術發展空間有限之領
域中在形狀構造上的改良**，確可達到有效吸震及緩衝的效果，且係可供產業上利
用者；又本案之設計〇〇〇〇與引證案相較確實不同，且在已往之同一技術領域
中並未見有相同之創作公開在先者，故具新穎性，且本案對〇〇〇〇而言，具有
顯著之〇〇及〇〇的效果，具有功效增進，合於進步性之要求。

五、據上論結，本案無論在「產業上利用性」、「新穎性」及「進步性」皆已具體顯
現出所獨具之創新及改良，懇請 貴審查委員能重為考慮並惠予本案專利，實感
德便。如貴審查委員對本案仍有疑義，申請人願配合貴 審查委員之「**面詢**」要
求以便當面示範或說明，併予敘明。


附件一：專利審查基準第〇〇頁
附件二：專利審查基準第〇〇〇頁


　　　　　　　　　　　　申請人：〇〇〇〇〇〇
　　　　　　　　　　　　Ｉ　Ｄ：〇〇〇〇〇〇〇〇
　　　　　　　　　　　　代表人：〇〇〇
　　　　　　　　　　　　地　址：〇〇〇〇〇〇〇〇〇〇
　　　　　　　　　　　　電　話：〇〇〇〇〇〇〇〇
　　　　　　　　　　　　傳　真：〇〇〇〇〇〇〇〇

中　華　民　國　〇　〇　〇　年　〇　月　〇　〇　日

## 9-2　專利的舉發

專利技術一經核准領證（以下稱系爭專利），就擁有專利排他權利，任何人未經同意而實施他人的專利就是一種侵權行為。但是，如果一項專利技術根本就不新，或者為業者所能輕易完成者，在審查階段並未被發現而漏准或誤准，如此一來，這樣的技術先占行為就變得非常不公平，於是法律提供了一個補救的措施即**舉發**制度。經**舉發**成立後，該專利權即被**撤銷**，一旦**撤銷**確定專利權之效力，視為自始不存在。

## 一、我國的規定

依我國專利法規定，專利專責機關應依**舉發**或依職權**撤銷**其發明專利權，並限期追繳證書，無法追回者，應公告註銷。**舉發**事由包括：

1. 系爭專利不符專利的定義或系爭專利不符專利實質三要件，即產業上利用性、新穎性及進步性[註1]。

2. 系爭專利之專利說明書內容未充分揭露[註2]。

3. 系爭專利與其他專利申請案為同一發明，且申請日相同[註3]。

4. 系爭專利同時申請發明及新型申請人未依規定分別聲明或屆期未擇一、發明專利審定前，新型專利權已當然消滅或**撤銷**確定[註4]。

5. 系爭專利分割後之申請案，超出原申請案申請時說明書、申請專利範圍或圖式所揭露之範圍[註5]。

6. 系爭專利之修正，除誤譯之訂正外，超出申請時說明書、申請專利範圍或圖式所揭露之範圍[註6]。

7. 系爭專利補正之中文本或該中文本誤譯之訂正，超出申請時外文本所揭露之範圍[註7]。

---

註 1：　我國專利法第二十一條至第二十四條。
註 2：　我國專利法第二十六條。
註 3：　我國專利法第三十一條。
註 4：　我國專利法第三十二條第一項及第三項。
註 5：　我國專利法第三十四條第四項。
註 6：　我國專利法第四十三條第二項。
註 7：　我國專利法第四十四條第二項、第三項。

8. 系爭專利之更正，超出申請時說明書、申請專利範圍或圖式所揭露之範圍[註8]。

9. 系爭專利為申請發明或設計專利後改請新型專利者，或申請新型專利後改請發明專利者，其改請後之申請案，超出原申請案申請時說明書、申請專利範圍或圖式所揭露之範圍[註9]。

10. 系爭專利之申請違反互惠原則[註10]。

11. 系爭專利之專利申請權為共有，但非由全體共有人提出申請者或發明專利權人為非發明專利申請權人[註11]。

　　以上事由除了違反專利申請權為共有，但未由全體共有人提出申請或發明專利權人為非發明專利申請權人，提起**舉發**者，限於利害關係人；其他情事，任何人得附具證據，向專利專責機關提起**舉發**。根據專利法規定：「發明專利權經**撤銷**後，有下列情形之一者，即為**撤銷**確定：(1) 未依法提起行政救濟者。(2) 經提起行政救濟經駁回確定者。發明專利權經**撤銷**確定者，專利權之效力，視為自始即不存在。」也就是說**舉發**成立的案件專利權即被**撤銷**在審查確定後，包括未在期限內提起行政救濟（**舉發**審定處分書送達次日起三十日內提起**訴願**；**訴願**駁回於**訴願**決定書送達之次日起二個月內提起**行政訴訟**）及經提起行政救濟而被駁回確定者。專利權一經**撤銷**確定，則該項專利權被視為自始不存在。關於**舉發**之其他原則如下：

1. 得合併審查原則：

　　於**舉發**案件審查期間，如有更正案者，應合併審查及合併審定；其經智慧局審查認應准予更正時，應將更正說明書、申請專利範圍或圖式之副本送達**舉發**人。同一**舉發**案審查期間，如果有二件以上之更正案者，申請在先之更正案，視為撤回。同一件專利權有多件**舉發**案時，智慧局認為有必要時，可以合併審查亦可合併審定。

2. 逐項審查逐項審定原則：

　　**舉發**之審定，應就各請求項分別為之，**撤銷**得就各請求項分別為之。新法係以請求項為審查基礎，不再如過去以全案為審查基礎，過去之審定結果不是全案**舉發**成立就是全案**舉發**不成立。亦即，**舉發**案將可以是部分**舉發**成立，部分**舉發**不成立。

---

註 8： 我國專利法第六十七條第二項至第四項。
註 9： 我國專利法第一百零八條第三項。
註 10：我國專利法第七十一條第二項。
註 11：我國專利法第七十一條第三項。

3. 審定前得撤回原則：

　　**舉發**人可以在審定前撤回**舉發**申請。但專利權人已提出答辯者，則必須經專利權人同意。智慧局應將撤回**舉發**之事實通知專利權人；自通知送達後十日內，專利權人若未為反對之表示者，則視為同意撤回。

4. 一事不再理原則：

　　舉凡有：(1) 其他**舉發**案曾就同一事實以同一證據提起**舉發**，經審查不成立者；或 (2) 依智慧財產案件審理法第三十三條規定向智慧財產法院提出之新證據，經審理認為無理由者。則任何人對該同一專利權，不得就同一事實以同一證據再為**舉發**。

## 二、中國大陸的規定

　　相對於我國的**舉發**制度，中國大陸稱為宣告專利權無效，根據中國大陸專利法第四十五條規定：「自國務院專利行政部門公告授予專利權之日起，任何單位或者個人認為該專利權的授予不符合本法有關規定的，可以請求專利復審委員會宣告該專利權無效。」即任何法人或自然人皆可提起宣告專利權無效之訴。而依據中國大陸專利法及實施細則的相關規定，可提起宣告專利權無效之訴的理由包括：

1. 系爭專利不符專利的定義，如方法專利的實質技術取得實用新型專利[註12]。

2. 系爭專利不符專利實質三要件，即新穎性、創造性和實用性[註13]。

3. 系爭專利不滿足揭露充分性或保護範圍明確性[註14]。

4. 系爭專利修正時，超出申請時原説明書或圖式所揭露之範圍[註15]。

5. 系爭專利之獨立權利要求未從整體上反映發明或者實用新型的技術方案，記載解決技術問題的必要技術特徵[註16]。

6. 分割案超出原申請時記載的範圍[註17]。

---

註 12：中國大陸專利法第二條。
註 13：中國大陸專利法第二十條第一款、第二十二條、第二十三條。
註 14：中國大陸專利法第二十六條第三款、第四款、第二十七條第二款。
註 15：中國大陸專利法第三十三條。
註 16：中國大陸專利法實施細則第二十條第二款。
註 17：中國大陸專利法實施細則第四十三條第一款。

7. 系爭專利屬違反法律、社會公德或者妨害公共利益的發明創造、或屬違反法律、行政法規的規定獲取或者利用遺傳資源，並依賴該遺傳資源完成的發明創造[註18]。

8. 系爭專利屬法定不予專利之標的[註19]。

9. 同一申請人同日對同樣的發明創造既申請實用新型專利又申請發明專利，先獲得的實用新型專利權尚未終止，且申請人未聲明放棄該實用新型專利權者。或授權違反先申請原則者[註20]。

## 三、美國的規定

相對於我國的**舉發**制度，美國稱**專利無效**（invalidity），而提起**專利無效**的途徑分為行政再審程序（reexamination）及法院判決。

美國專利的行政再審程序（reexamination），雖名為再審，然其實際運作則與我國**舉發**制度類似，依據美國專利法第三百零二條[註21]之規定，任何人於任何時間皆可以提起書面的專利前案或公開的刊物[註22]做為先前技術（prior art），此一程序除了其了第三人提起之外，另一效果在於專利申請人自己可以透過提出再審程序強化自己的專利案的可專利性。逾越行政救濟法定期限時，局長將發布並公告任何經審查確定為不具專利性之申請專利範圍項目及經修正後可專利的申請專利範圍項目。與其稱再審程序其實是一種包含申請人的公眾審查。

## 四、舉發所需文件

辦理**舉發**案，所需備妥之文包括規費及下列文件資料[註23]：

1. **舉發**規費。

2. **舉發**申請書一式四份。

3. **舉發**理由及證據（書證原本；**舉發**案書證複製本三份）。

4. 身分證明或法人證明文件影本一份。

---

註 18：中國大陸專利法第五條。

註 19：中國大陸專利法第二十五條。

註 20：中國大陸專利法第九條。

註 21：35 U.S.C. 302 Request for reexamination.

註 22：35 U.S.C. 301 Citation of prior art.

註 23：經濟部智慧局之專利申請文件補正事項管理作業要點。

5. 委任代理人者，具委任書；指定第三人為送達代收人者，具委託書。

　　**舉發**申請書所應載明事項包括：

(1) 被**舉發**案之申請案號、專利名稱、專利證書號數。

(2) 被**舉發**人資料，被**舉發**人姓名、國籍、住居所，如為法人，其名稱、營業所及代表人姓名（一般見於專利公報上所記載者）。

(3) 申請**舉發**日期。

(4) **舉發**人資料，包括**舉發**人姓名或名稱、ID、住居所或營業所；如為法人，應填寫代表人姓名。

(5) **舉發**人簽名或蓋章；委任有專利代理人者，得僅由代理人蓋章。

(6) **舉發**之理由及證據（證據為書證者，應檢附原本或正本；其所檢附影本者，應證明與原本或正本相同）。

　　**舉發**理由書所應載明事項包括：

(1) **舉發**之專利法條依據。

(2) **舉發**理由。

(3) 證據之比對。

## 五、特別注意事項

1. **舉發**申請人二人以上時，應指定其中一人為應受送達人，以利文件送達，如未指定者，以第一順序申請人為應受送達人。

2. **舉發**人提起**舉發**補提理由及證據，應自**舉發**之日起一個月內為之，不得申請展延（惟實務上此依規定並不及於補強理由及補強證據，又高等行政法院 85 年度判字第 2284 號理由指出：「按『**舉發**人補提理由及證據，應自**舉發**之日起一個月內為之。』固為專利法第七十二條第四項所明定，新型專利，依同法第一百零五條亦有準用之規定。惟查上開專利法第七十二條第四項所稱『一個月內』之限期，係為防止**舉發**人無故拖延而設，尚非法定不變期間，故**舉發**人縱然逾期補提證據，如專利主管機關尚未處理完畢時，仍應就其補提之證據為實體上之審酌，不得因其逾期補提而不予受理。」意即如在智慧局尚未處理完畢時，仍應就所補提之理由及證據為實質上之審酌[註24]）。

---

註 24：實務上以是否發文為準。

3. **舉發**案經審查不成立者,任何人不得以同一事實及同一證據,再為**舉發**。

4. 利害關係人對於專利權之**撤銷**有可回復之法律上利益,而於專利權期滿或當然消滅後提起**舉發**者,應檢附有可回復之法律上利益之證明文件(例如:專利侵權訴訟、授權契約的當事人或關係人等)。

# 9-3　證據能力與證據力

不論是**舉發**或**專利無效**的訴訟,**舉發**時所提出之證據是否足以讓系爭**專利無效**涉及到該證據的**證據能力**與**證據力**的問題,判斷的先後順序是先判斷是否具有**證據能力**再判斷有無**證據力**。對於無**證據能力**者不需再進行**證據力**的判斷。

所謂證據「能力」是指可以為證據的「條件或資格」,包括證據本身的時間、事實及各個證據之間的關聯性。

所謂**證據力**是指證據具有**證據能力**時,該證據是否具有足以支持及認定當事人的主張(如可足認定系爭專利不具新穎性或不具進步性等專利要件),**證據力**是「證據證明力」的簡稱,指證據對於待證事實的證明強度或程度。

**舉發**或**專利無效**的訴訟通常係以文書的方式作為舉證的證據,包括刊物、型錄、書籍及專利公報等技術資料,可以分為專利文獻與非專利文獻兩種,對於專利文獻部分,其公開的日期必須早於系爭專利之申請日(有主張優先權日者,則必須早於優先權日)。而有關擬制不具新穎性的舉證,則只要所引證的「本國[註25]」核准專利案之申請日或優先權日早於系爭專利之申請日即可。

對於非專利文獻的書面證據部分,由於該等證據未必如專利文獻一般記載著詳細的公開時間,有些證據可能僅記載年或年、月,因此對於該等證據之公開或發行日期的認定於我國審查基準中有如下之規定:

---

註 25：有關申請在先並經核准之專利系指我國的專利,外國專利並不適用。經濟部**訴願**會曾於(經訴字第 09006306510 號)**訴願**決定書清楚揭示:『……經查,專利法第九十八條第一項第二款所謂有相同之發明或新型「申請在先並經核准專利」,……自係指在我國申請並經核准之專利者而言,倘為申請日在先之外國申請案,我國專利主管機關亦無從得知,焉能惟此法律上之擬制?且縱嗣後經該他國核准,又如何能謂係我國專利法上所稱之有相同之發明或新型「申請在先」並經「核准專利」?……』。

## 一、公開日的推定

1. 時間僅標示年份，若無其他關聯之佐證則推定為該年的最後一日為公開日。例如：僅標示 1998 年即推定公開日為 1998 年 12 月 31 日。

2. 僅有年、月之標示，若無其他關聯之佐證則推定為該月的最後一日為公開日。例如：僅標示 1995 年 5 月即推定公開日為 1995 年 5 月 31 日。

3. 僅有跨年的標示，若無其他關聯之佐證則推定為該頭一年最後一日為公開日。例如：僅標示 1995 － 1996 即推定公開日為 1995 年 12 月 31 日。

4. 僅有跨季或跨月的標示，若無其他關聯之佐證則推定為該頭一季或月最後一日為公開日。例如：僅標示 1995 第一季即推定公開日為 1995 年 3 月 31 日；如僅標示 1995 年 2 月即推定公開日為 1995 年 2 月 30 日。

## 二、其他記載形式的證據

　　照片、錄影帶或光碟片，即使有揭露相關內容，若無拍攝或記錄之日期，又無其他關聯之佐證則不具**證據能力**。

## 三、組合式證據

　　證據的舉證未必一定是單一書面證據，有時可能是多個書面證據或是多個書面及實物的組合式證據，例如：證據包括了進出口報單、發票、收據、訂購單、設計圖、照片、廣告宣傳單（DM）及其他實物等證據。此時該等證據間必須有：(1) 開立、簽收、發行、拍攝、印製或製造日期的時間證明外；(2) 證據間的關聯性。若僅有附日期的書面證據而無該書面證據與其他實物間缺乏關聯性，則該等組合式證據不具**證據力**。例如：證據為出口報單及產品，其中出口報單雖載有日期但型號記載為 k5-4461a 而產品上的標籤之其型號記載為 k5-4461，由於型號記載不同，依照業界的通例 k5-4461a 產品可能是 k5-4461 產品的改良型，其生產的日期很可能較 k5-4461 產品晚，因此其關聯性將受質疑。

　　對於組合式證據的檢視步驟包括：(1) 產品是否有標示型號及日期；(2) 型錄廣告單等間接證據是否有標示產品型號及日期；(3) 交易資料的相關日期證明（例如：電話號碼為八碼或七碼，如為七碼表示其日期在八十七年一月一日之前）；(4) 如詢價單、報價單等交易前之資料上產品型號及日期的標示；(5) 發票影本的產品型號及開立日期。

## 四、公文書與私文書的證據能力

有關專利實物上證據的採集，未必全然是專利公報或技術資料，尤其是已有販賣事實的證據，通常採用到詢價單、報價單、訂單、切結書、保證函或發票等，其中涉及多種私文書，而私文書其被採認的強度不如公文書，但並非所有私文書皆不可採認。只要具有關聯性證據的支持，仍然是具有**證據能力**。

## 9-4　訴願與行政訴訟

專利案件包括申請案[註26]、再審查案、異議案、**舉發**案，凡是對於原處分不符者在法定期間內（三十天）可向經濟部提起**訴願**[註27]。

**訴願**決定（經濟部）如認為原處分違法不當，將**撤銷**原處分，發回原處分機關（經濟部智慧財產局）重為適法之處分。一般而言，經濟部支持智慧局之處分者占大多數。

如不服**訴願**決定者，在法定期間（二個月）內可向臺北高等行政法院提起**行政訴訟**，對於高等行政法院判決不服者在法定期間（二十日）內可向最高行政法院提起上訴。

---

註 26：初審申請案若屬專利要件上的核駁則必須提出再審查程序，其他如申請日的認定，優先權的採認等如有不服即可提起**訴願**。我國專利法第四十六條規定：「發明專利申請人對於不予專利之審定有不服者，得於審定書送達之日起六十日內備具理由書，申請再審查。但因申請程序不合法或申請人不適格而不受理或駁回者，得逕依法提起行政救濟。」

註 27：我國專利法於 1998 年廢除再**訴願**制度，2003 年則廢除了異議制度。

## 實例 再審查不准之訴願理由書

專利訴願理由書

訴願案號數：第九○二一○○○○號

訴願案名稱：「○○○○○結構」專利再審查案

訴願人姓名：○○○○股份有限公司

代表人姓名：○○○

地址：臺北縣○○○○○○

ＩＤ：○○○○○○○○

　　訴願人因對第九○二一○○○○號「○○○○○結構」專利再審查案，不服智慧財產局九十三年○○月○○日智專三（○）0○○○○字第 093 ○○○○○○○號專利再審查審定書所為「本案應不予專利」之處分，訴願之請求、事實及理由如左：

原處分機關：智慧財產局

**請　求**

　　原處分撤銷並命原處分機關另為「本案應予專利」之處分。

**事　實**

　　緣訴願人○○○○股份有限公司之第九○二一○○○○號「○○○○○結構」專利案，曾奉鈞部智慧財產局審查而為不予專利之處分，訴願人不服，申請再審，復經該局九十三年○○月○○日智專三（二）○○○○○字第 093 ○○○○○○○號專利再審查審定書仍為「本案應不予專利」之處分，訴願人以前揭再審查審定書所為之處分於認法用事上，均有不當，實難令訴願人誠服，訴願人為維護專利法制及應有之合法權益，爰依法提起訴願。

**理　由**

一、按原處分機關前揭專利再審查核駁審定書（如附件一）中所據以否准本案專利之理由主要有二點：

　　1. ○○○○○○。

　　2. 本案○○○○○未能增進習知裝置之功效，故不具進步性，綜以本案不符專利法第九十八條第二項之規定，為「本案應不予專利」之審定。

二、惟查，原處分機關前述第 1. 點否准理由○○○○○○。

三、揆諸原處分機關之前述第 1. 點否准理由令訴願人深感○○○○。

　　訴願人分別於九十二年○○月○日與九十二年○○月○○日之申復中已充分說明本案與引證案之差異，且針對前揭第 2. 點否准理由中「○○○○○」加以說明。

　　為使鈞部更明確明瞭本案之○○○○，請參閱（如附件），可明顯看出本案與引

證案完全不同，引證案僅○○○○方式固定，完全不能以其他方式（如○○○○式）固定，本案之結構固定力強，又具有○○○○的設計，豈有不符新型專利要件之理。

四、再者，原處分機關之前述第 2. 點否准理由：「本案設有○○○○，無從認定其具改進習知裝置之功效。」實為誤謬，申請人所提出之創作居然因為審查人員無判斷或認定功效的能力而被核駁！況且訴願人於九十二年○○月○○○日申復書中一再提醒審查人員勿自作假設性的感受，請依新型審查基準審查，仍獲至如此不公之審定，實感無奈！

五、依原處分機關所出版之審查基準第 2-2-19 頁（如附件三）新型專利審查基準之判斷方式亦載明「在技術發展空間有限之領域中（in the field of the crowded art），如在技術上有微小的改進，產生好用或實用的效果，得視為具『有增進某種功效』」，「在新型所屬之技術領域中新型突破熟知該項技術者，長久根深蒂固存在之技術或知識時得視為具有『產生某一新功效』。」由前揭判斷方式可知審查基準已教示於審查時，並不會因為原理相同就不具新穎性，也不會因為　貴審查委員了解技術後構思出多少替代方案就不具進步性；專利要件之判斷係客觀的檢視申請案新不新，是否可達到預期的功效，產生好用或實用的效果即可，本案所欲尋求保護者僅申請專利範圍所界定者，並非所有的○○○。由以上說明，可明顯辨別，本案即屬突破既有技術之窠臼且有明顯的改進，並產生好用或實用的效果者，具新穎性及進步性。本案在技術發展空間有限之領域中在形狀構造上的改良，確可達到有效○○○目的，且係可供產業利用者；又本案之設計，與引證案相較更具有○○○○○○，與引證案相較確實不同，且在已往之同一技術領域中並未見有相同之創作公開在先者，故具新穎性，且本案○○○○而言具有顯著○○○○效果，具有功效增進，合於進步性之要求。

六、據上論結，原處分機關未詳細瞭解本創作的技術特徵，完全忽略審查基準的規定自訂一套審查標準，導致以其主觀意見作出應不予專利之處分，實令專利權人無法信服，以這種錯誤的觀念，作出應不予專利的處分，實有違法紀，嚴重損及訴願人之權益，並間接影響國人投入研究發展之意願。據此，原處分機關所為不當之否准理由自當予以撤銷。

七、綜上所述，原處分機關前揭再審查核駁審定書顯有違法失職行為，且有極大之違誤及無理，是以，為求事實之公正，訴願人爰依法提起訴願之請求，懇請　鈞部詳查實情並賜與如請求，實感德便。

　　　　　　　謹　呈

經濟部　　　公鑑

　附件一：（93）智專三（○）0○○○○字第 093 ○○○○○○○○號專利
再審查核駁審定書影本一份。

　附件二：經濟部智慧局所出版之審查基準第 2-2-19 頁。


　　　　　　　　　　訴願人：○○○○股份有限公司

　　　　　　　　　　代表人：○○○

中　華　民　國　九　十　三　年　○　月　○　日

---

**實例　不服舉發案處分之行政訴訟理由書**

狀別：行政訴訟起訴狀

原告：○○○○股份有限公司　　　地址：臺北縣○○○○○○

ＩＤ：○○○○○○○

代表人：○○○　　　　　　　　地址：同右

被告：經濟部智慧財產局　　　　地址：臺北市辛亥路二段一八五號

代表人：○○○　　　　　　　　地址：同右

　　右原告因第○○○○○○○○號「○○○○○○」專利案舉發事件，不服被告經
濟部智慧財產局所為「舉發成立，應予撤銷專利」之處分，及訴願決定機關經濟部所
為「訴願駁回」之決定，依法提起行政訴訟如左：

**訴之聲明**

一、撤銷被告（九○）智專三（○）○○○○○字第○九○○○○○○○號專利舉
　　發審定書之處分及經濟部經訴字第○九○○○○○○○號訴願決定書之決
　　定。

二、命被告應為「舉發不成立」之處分。

三、訴訟費用由被告負擔。

**事實及理由**

　　緣原告○○○○股份有限公司以「○○○○○○」經被告編為第八○○○○○號
專利案審查，准予專利，並發給發明第○○○○○○號專利證書，嗣關係人○○○○

股份有限公司以係爭專利有違核准時專利法第二十條第一項第一款、第二款及第二項暨同法第七十一條第三款之規定，不符發明專利要件，對之提起舉發，經被告以（九〇）智專三（〇）〇〇〇〇〇字第〇九〇〇〇〇〇〇〇號專利舉發審定書為「舉發成立，應予撤銷專利」之處分，原告不服提出訴願仍遭駁回，遂依法提起行政訴訟，茲陳述理由如下：

## 理 由

一、查原處分審查為舉發成立之理由主要是舉發審定書（即原處分書）理由第三點：「……經查〇〇〇〇〇〇，熟習該技術者亦可直接推導而得，亦不具新穎性。」而原決定書決定駁回之理由與前揭理由相同。此等審查及決定理由明顯看出被告及訴願決定機關對於「申請專利範圍」基本構成要件及新穎性的判斷有嚴重的錯誤，以下分項比較之：

1. 就構成要件比較：

引證案第一項（暨獨立項）記載：「〇〇〇〇〇〇。」就引證案之構成要件而言，引證案必須包含至少二個〇〇〇〇、〇〇〇〇、〇〇〇〇〇；藉以達到當〇〇〇〇，使不致影響使用者正常作業，而能提高時效的功能。

然系爭專利第一項（暨獨立項）記載：「〇〇〇〇〇。」就系爭專利之構成要件而言，只包含〇〇及〇〇，藉以達到當〇〇〇〇〇〇。

引證案與系爭專利在〇〇〇〇、〇〇〇〇之構成要件上完全不同。故在新穎性之比對上不相同，亦即無核准時專利法第二十條第一項第二款之適用。

2. 就技術手段及目的比較：

引證案部分，請參酌引證案說明書之創作說明，其中創作說明（〇）第〇行起，「……藉由上述構成，當使用者〇〇〇〇〇〇系統可正常運作……」、第〇〇行「從上所述可知，本創作〇〇〇〇〇〇，而可確實改善習見〇〇〇〇的缺失……」。

系爭專利部分，請參酌系爭專利說明書之發明說明，其中發明說明 (1) 至 (2) 系爭專利是提供一種〇〇〇〇之方法，主要係於〇〇〇〇，仍可〇〇〇〇運作。

引證案技術手段的基礎係〇〇〇〇。系爭專利係在於利用〇〇的形式，在〇〇〇〇〇〇，藉以保持可開機狀態。

故引證案與系爭專利兩者在技術手段及目的上亦不相同。

3. 被告對於新穎性判斷要件在邏輯上的錯誤：

舉發理由書、被告及訴願決定機關對新穎性之判斷原則，顯然有違法及錯誤，依照智慧財產局編印之專利審查基準第 1-2-5 頁（如附件三）之說明：在判斷發明專利之新穎性時，必須以申請專利範圍之請求項所載發明為判斷對象；此外於前

開專利審查基準第 2-3-8 頁（同附件三）亦對附屬項的定義作具體之規定：附屬項記載之內容係包括其所依附項目之全部技術內容；是故，引證案申請專利範圍第○項請求項所載之內容，係包含其所依附之申請專利範圍第○項請求項的全部技術內容在內，而非單指第○項「於○○○○○」之構成，引證案申請專利範圍第○項之技術內容應為「○○○○○」，因系爭專利之申請專利範圍第一項請求項完全與引證案不同（詳構成要件比較），更遑論附屬項之差異（亦即被依附之獨立項不同，則附屬項必然不同）。舉發審定理由邏輯錯誤，荒謬至極，被告及訴願決定機關完全不查，一再被誤導，且逕自肢解、任意解釋申請專利範圍，違法審查。

二、引證案是○○，當有其中之一○○○○○○○○，引證案除了成本較高外○○○○○○也要增加，進而影響產品的體積。而系爭專利的優點在於不需要實際多一個○○○○，就可以達到○○的效果，特別是可以在○○○○。因此，系爭專利與引證案達成效果上也有相當的差異。引證案不能只有一個○○，且不能沒有○○○○以及○○○○。

三、綜上所述，系爭專利與引證案之技術內容完全不同，也非實質相同，亦無從推導，兩案存有極大的差異，自無核准專利時專利法第二十條第一項第二款項情形，被告及訴願決定機關未詳細瞭解本發明的技術精神，且完全違反「附屬項記載之內容係包括其所依附項目之全部技術內容」的規定，被告審查草率及訴願決定機關不負責任未加糾正仍予維持之認事用法上的不當，實難令原告誠服，僅盼　鈞院本維護專利法制及專利權人應有之合法權益，早日撤銷原處分及原決定，以符法制，實感德便。

　　　　　　謹　　呈

臺北高等行政法院　　　　公鑑

附件：

一、系爭專利之專利說明書影本乙份。

二、引證案之專利說明書影本乙份。

三、智慧財產局審查基準第 1-2-5 頁及第 2-3-8 頁影本乙份。

四、原處分書及原決定書影本乙份。


　　　　　　　　　　具狀人：○○○○股份有限公司

　　　　　　　　　　代表人：○○○

中　華　民　國　九　十　○　年　○　月　○　○　日

## 問題與思考

1. 何謂證據力？何謂證據能力？
2. 依我國專利法規定舉發事由有哪些？
3. 在我國舉發所需文件為何？
4. 我國審查基準中對於公開日的推定之規定有哪些？
5. 專利舉發案一旦成立其效力為何？

# *10* 法定期間與年費管理

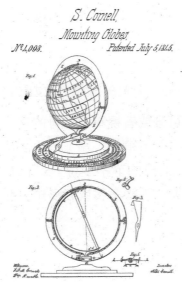

▲ US4098_1845 年獲准的附日期標示的地球儀專利

---

**學習關鍵字**

# 10-1 期間與期間的計算

　　時間在法律上具有重要意義，如一個人的出生、死亡，以及行為能力、權利能力、法律效力的發生與消滅，皆與時間發生直接的關係。因為時間關係到個人的權利，因此在法令、審判或法律行為上所定之**期日**與期間，除有特別規定外，其計算方式，均依照民法之規定。

## 一、期日與期間

　　**期日**與期間皆為法律關係發生效力，或喪失法律上效力的時間。

　　「**期日**」：在法律上是指一個不可分或者視為不可分的某一特定的時間點，也就是時間軸上的某一個點（圖 10-1）。這個「點」的長度可長可短，但是中間絕對不可分，例如：2022 年 2 月 20 日的下午 2 時、5 月 20 日或春節等。**期日**的點，可短到一小時，長到一星期，不管多長或者多短，在法律上都視為一個不可分的「點」。

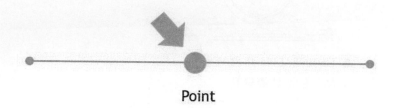

**圖 10-1**　期日是時間軸上的某一個點。

　　「期間」：在法律上是指確定或可得確定的一定範圍內的時間，也就是時間軸上的一個段落（圖 10-2）。如自四月一日至七月三十日止。

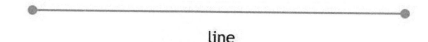

**圖 10-2**　期間是時間軸上的一個段落。

　　「**法定期間**」：指由法律直接規定的期間。

　　「**指定期間**」：指行政機關或法院所指定的期間。如以期間能否變動為區別，可以把期間分為不變期間和可變期間。

## 二、期間的計算

1. 期間以日、星期、月或年計算者，其始日不計算在內（專利權期限除外）。

2. 期間屆滿的最後一天是節假日者，以節假日後的第一天為期間屆滿之日。

3. 期間不包括在途時間，專利之申請及其他程序，以書面提出者，應以書件到達專利專責機關之日為準；如係郵寄者，以郵寄地郵戳所載日期為準[註1]。

4. 我國民事訴訟之上訴、行政訴訟及訴願關於期限之遵守是採「到達主義」[註2]。

## 10-2　延誤法定或指定期間的法律效果

我國於民國 102 年起施行之專利法開始導入復權規定，包括：申請人為有關專利之申請及其他程序，遲誤法定或指定之期間者，除本法另有規定外，應不受理。但遲誤**指定期間**在處分前補正者，仍應受理。申請人因天災或不可歸責於己之事由，遲誤**法定期間**者，於其原因消滅後三十日內，得以書面敘明理由，向專利專責機關申請回復原狀。但遲誤**法定期間**已逾一年者，不得申請回復原狀。申請回復原狀，應同時補行期間內應為之行為。

但延誤法定或指定之期間仍將造成一定的影響，故仍應在一定的期限內完成以免影響權益，我國專利法中所規定的主要期間見於下表所列（表 10-1）。

表 10-1　專利法所規定的期間

| 起算點 | 期限 | 事由 |
|---|---|---|
| 書面通知到達後 | 六個月 | 受雇人完成非職務上之發明、新型或設計，以書面通知雇用人，僱用人向受雇人表示反對的期限 |
| 事實發生之日起 | 十二個月（設計專利則為六個月） | 申請人出於本意或非出於本意所致公開而主張優惠期 |
| 文到次日起 | 智慧局指定期間 | 申請時說明書以外文本送件，補呈中文本之期限 |

---

註 1：　專利法施行細則第 5 條第 1 項（民國 109 年 06 月 24 日修正）。

註 2：　所謂採到達主義的意義為：以文書到達時生效為原則，以發信或其他情形生效為例外。釋字第 667 號。

| 起算點 | 期限 | 事由 |
|---|---|---|
| 第一次申請專利之日 | 最早之優先權日後十六個月內（設計專利則為十個月） | 主張國外優先權檢送經其他國家或世界貿易組織會員證明受理之申請文件 |
| 申請日 | 四個月（如有主張國外優先權者，為最早之優先權日後十六個月內） | 微生物寄存證明文件 |
| 申請日 | 十二個月 | 就發明或新型專利案再提出專利之申請而主張國內優先權 |
| 文到次日起 | 智慧局指定期間 | 兩人以上之同一發明之協議或同一人之擇一 |
| 原申請案再審查審定前或原申請案核准審定書送達後三十日內 | 審定前或核准審定書送達後三十日 | 分割之申請 |
| 公告之日起 | 二年 | 非真正專利申請權人之舉發 |
| 撤銷確定之日起 | 二個月 | 就非真正專利申請權人之撤銷案重為申請取得原申請日 |
| 申請日 | 十八個月（申請人得申請提早公開其申請案） | 發明專利申請案之早期公開 |
| 申請日 | 三年 | 發明專利申請案申請實體審查 |
| 申請分割或改請之日 | 三十日 | 發明案申請分割或新型案改請發明後申請實體審查逾申請實體審查期間者 |
| 公告之日起 | 二年 | 發明早期公開補償金請求權之行使 |
| 審定書送達之日起 | 二個月 | 發明專利案申請再審查 |
| 自審定書送達申請人之日起 | 一年（並得續行延展保密期間每次一年） | 保密案件之保密期限 |
| 審定書送達後或保密案件解除後之通知 | 三個月 | 證書及第一年年費之繳納 |
| 公告之日起 | | 專利權起算日 |
| 申請日起算 | 二十年（十年、十五年） | 發明專利權期限（新型專利權期限、設計專利權期限） |

| 起算點 | 期限 | 事由 |
|---|---|---|
| 取得第一次許可證之日起三個月內（專利權期限屆滿前六個月內，不得為之） | 以五年為限 | 醫藥品、農藥品或其製造方法因需取得許可證而無法實施發明之期間之專利權延長 |
| 補繳期限屆滿後 | 一年 | 專利權人非因故意於第二年以後之專利年費未於補繳期限屆滿前繳納導致無效之復權申請 |
| 舉發後 | 一個月 | 舉發人理由或證據之補提 |
| 舉發理由書副本送達 | 一個月（得展期） | 專利權人之舉發答辯 |
| 通知送達後 | 十日內 | 專利權人對舉發案撤回舉發之反對意思表示 |
| 原繳費期間期滿後 | 六個月 | 年費逾期之補繳 |
| 自請求權人知有行為及賠償義務人時起 | 二年間不行使而消滅；自行為時起，逾十年者，亦同 | 請求損害賠償及姓名表示權受侵害之名譽回復 |
| 海關通知受理查扣之翌日起 | 十二日內否則海關應廢止查扣 | 專利權人就查扣物為侵害物提起訴訟之期限 |
| 原申請案准予專利之審定書、處分書送達前 | | 申請發明或設計專利後改請新型專利者，或申請新型專利後改請發明專利者之原申請日延用之改請期限 |
| 不予專利之審定書送達後 | 二個月 | 原申請案為發明或設計改請新型專利者之原申請日延用之改請期限 |
| 不予專利之處分書送達後 | 三十日內 | 原申請新型專利後改請發明專利者之原申請日延用之改請期限 |
| 文到次日起 | 六個月內 | 如敘明有非專利權人為商業上之實施，並檢附有關證明文件所申請之技術報告，主管機關完成該技術報告的期限 |
| 原申請案准予專利之審定書送達前 | | 申請設計專利後改請衍生設計專利者，或申請衍生設計專利後改請設計專利，以原申請案之申請日為改請案之申請日 _1 |

| 起算點 | 期限 | 事由 |
|---|---|---|
| 原申請案不予專利之審定書送達後 | 二個月內 | 申請設計專利後改請衍生設計專利者，或申請衍生設計專利後改請設計專利，以原申請案之申請日為改請案之申請日 _2 |
| 文到次日起 | 不得逾六個月 | 申請延緩公告之期限 |

## 10-3　專利有效期限與年費繳納

專利權有期限，在期限內必需繳納年費才可維持其有效性。

## 一、專利有效期限

**專利有效期限**的意義即該專利技術（專利權）受到法律保護的生效日到終止日的期間，在此期間專利權人擁有專利排他權，除法律另有規定外，任何人未經專利權人同意不得實施其專利。專利權期限屆滿後，該項專利技術就不再有排他權，將自動成為公用技術，任何人皆可無償使用。

**專利有效期限**之起算點以我國為例，係自「申請日起」發明專利二十年、新型十年、設計專利十五年屆滿。而專利權利的起始日則為「公告之日」，也就是說，若一設計專利案件審查期間三年，則其可以行使專利權期限為自第三年後的十二年。

## 二、專利年費

**專利年費**又稱維持費，其意義在於專利權人因專利權帶來經濟上的利益而維持專利權的有效性。在我國之規定**專利年費**可以逐年繳納亦可一次繳清。

逐年繳納時，除第一年應於專利權審查確定後由智慧局通知申請人限期繳納外，第二年之後應於屆期（公告之日）前繳納。

萬一逾期未繳納，根據巴黎公約第五條之二的規定：「繳納規定的工業產權維持費，應允許至少六個月的寬限期，如本國法令有規定還應繳納附加費」。而我國專利法則規定於期滿六個月內依比率方式加繳**專利年費**。若未於補繳屆滿前繳納

者，自期滿之次日專利權當然消滅。如第一年**專利年費**及證書費，未於補繳期限屆滿前繳納者，則專利權自始不存在。

至於**專利年費**之繳費並不限於專利權人。在實務上，以書面繳納第一年年費及證書費時，申請人之印鑑必須與申請時之印鑑相同。之後的年費繳納仍需簽名或蓋章，但因不限於專利權人繳納故無須相同之印鑑。

## 三、中國大陸的規定

中國大陸專利法實施細則第九十八條規定：「授予專利權當年以後的年費應當在上一年度期滿前繳納。專利權人未繳納或者未繳足的，國務院專利行政部門應當通知專利權人自應當繳納年費期滿之日起 6 個月內補繳，同時繳納滯納金；滯納金的金額按照每超過規定的繳費時間 1 個月，加收當年全額年費的 5% 計算；期滿未繳納的，專利權自應當繳納年費期滿之日起終止。」相較於我國 102 年之前所規定動輒加倍補繳，中國大陸對於逾期繳納**專利年費**係以每超過 1 個月加收 5% 滯納金合理多了。現行法為每逾一個月加繳百分之二十，最高加繳至依規定之**專利年費**加倍之數額；其逾繳期間在一日以上一個月以內者，以一個月論。

## 四、專利年費繳納日期的計算

對於**專利年費**的計算有從申請之日開始繳納者，亦有自公告之日起開始計算者，前者如中國大陸及德國，其每次繳納的期限係以申請日期起算。後者如臺灣及美國每次繳納的期限係以公告日期起算。

如果同時申請臺灣、中國大陸及美國的一件發明專利案，其在三個國家或地區的申請日皆為 2002 年 1 月 2 日，皆經審查核准且公告日皆為 2004 年 10 月 1 日，則專利權有效期間皆為 2002 年 1 月 2 日至 2022 年 1 月 1 日（申請日起算 20 年），在臺灣**專利年費**的繳納除領證時所繳納之第一年年費外，自 2005 年起每年 9 月 30 日前繳納。在中國大陸的**專利年費**繳納則係於領證時所繳納之第一年年費外 2006 年起每年 1 月 1 日前繳納。而在美國的**專利年費**的繳納除領證時所繳納之第一次年費（3.5 年）及公布費外，下次繳費日期為 97 年 3 月 31 日此後每 3.5 年繳一次（設計專利則僅需繳納公布費無須繳納**專利年費**），如下表 10-2 所示：

表 10-2　各國專利年費繳納日期的計算

| | 臺灣發明專利 | 中國大陸發明專利 | 美國發明專利 |
|---|---|---|---|
| 專利申請日 | 2001/1/2 | | |
| 公告（布）日 | 2004/10/1 | | |
| 第一次繳費期限 | 收到審定書三個月內（至少一年年費） | 發文日起二個月又十五日內[註3] | 美國專利商標局寄出核准審定書起三個月內 |
| 專利權期限 | 2002/1/2 ～ 2022/1/1 | | |
| 第二次繳費期限 | 2005/9/30 | 2006/1/1 | 2008/3/31 |

## 問題與思考

1. 專利法規中的「期間」意義為何？

2. 依我國專利法規規定提出再審查的期限為何？

3. 在我國專利案提起訴願及行政救濟的期限為何？

4. 我國專利法規定三種專利類型的專利有效期限各為何？如何計算？

---

註 3：　中國大陸專利法實施細則第五十四條規定，國務院專利行政部門出發授予專利權的通知後，申請人應當自收到通知之日起 2 個月內辦理登記手續。細則第五條第三項規定，國務院專利行政部門郵寄的各種檔，自檔出發之日起滿 15 日，推定為當事人收到文件之日。

# Chapter

# *11* 授權與實施

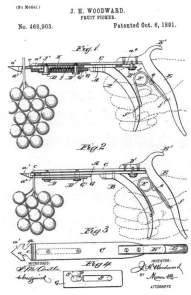

(No Model.)

J. H. WOODWARD.
FRUIT PICKER.

No. 460,903.　　　　　　　　Patented Oct. 6, 1891.

▲ US460903_1981 年獲准的水果
採收剪專利

11-1　專利核准與商品化的關係

11-2　專利權的真正意義

11-3　專利授權的概念

11-4　專利授權的種類

11-5　強制授權

11-6　我國的特許實施（強制授權）
　　　制度

11-7　美國的強制授權規定

---

### 學習關鍵字

| | | | | | |
|---|---|---|---|---|---|
| ▪ 專有排他權 | 132 | ▪ 專屬授權 | 135 | ▪ 專利聯盟 | 134 |
| ▪ 專利授權 | 133 | ▪ 非專屬授權 | 135 | ▪ 強制授權 | 138 |
| ▪ 封鎖性專利 | 134 | ▪ 交互授權 | 134 | | |

## 11-1 專利核准與商品化的關係

一項產品或技術的可專利性與可商品化之間未必是等號關係，一項技術或產品經由專利主管機關對於專利要件的審查之後，合於專利法的要求即會授予專利權。惟授予專利權之後並不保證可以商品化，尤其一些對於安全、醫藥、衛生等尚須受到其他法令規章的規範或限制者，更須依相關法規辦理。我國專利核准審定書審定內容之說明，第六項即載明：「專利之實施依其他法令規定須取得許可證者，應依規定向有關主管機關申請之」。

例如：一種具有風扇的安全帽結構（圖 11-1），雖然具有通風的功效也取得專利，但若以機車用安全帽為產品的銷售方式，則仍須符合機車安全帽之相關檢驗，亦即需符合及通過國家標準 CNS 2396「騎乘機車用安全帽」及 CNS 3902「騎乘機車用安全帽檢驗法」之規範及檢驗（耐衝擊強度）。

因此專利核准並不是可商品化的代表，專利文獻中對於「功效性」的形容字眼，也不代表該項專利技術商品化後可以達到必然的效果。例如：我國專利公報公告第184555 號「攜帶式省電冷氣輸送裝置」專利，其實僅係將冷氣透過導管傳送到其他空間的裝置，與「省電」並無關聯。

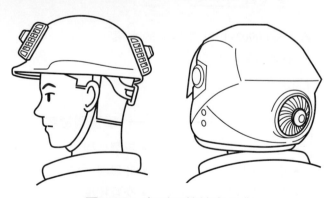

**圖 11-1** 專利不等於商品化

## 11-2 專利權的真正意義

專利權的「**專有排他權**」其實就是一種「禁止權」，並不包括「實施權」[註1]，法律賦予專利權人的「權利」僅在於不讓他人未經專利權人同意而隨意實施專利權

---

註 1： 陳永順、羅李華，《專利侵權判定》。

人的專利，專利權人僅有權禁止他人未經同意而實施其專利技術，但未必一定有權利可以依照自己的專利技術加以實施，尤其是改良型專利，如果基礎型專利與改良型專利之間如果存在有直接的上、下位概念關係，那麼改良型專利於實施時很可能會利用到他人的專利技術，而受制於該等基礎型專利。

　　擁有基礎型專利權者，實施針對其專利的改良型專利是否就沒有侵權問題呢？在美國及我國實務上，如果基礎型專利被他人改良形成新的專利技術，只要該項被改良的專利技術之專利是有效的，擁有基礎專利的專利權人想要實施該項被改良的專利技術仍必須和其他人一樣，須經由該項被改良的專利技術的專利權人的同意。例如：一種三合一連接器（雙 USB 連接器和 1394 連接器組合）既使 USB 連接器和 1394 連接器各有專利，USB 連接器和 1394 連接器的個別專利權人，如欲生產前述之三合一連接器，仍須經由該三合一連接器專利權人之授權始可實施。

　　所以未經由被改良的專利技術的專利權人的同意，既使是擁有基礎型專利權者，如欲實施被改良的專利技術仍受制於該等改良型專利。

## 11-3　專利授權的概念

　　專利權的實施不限於專利權人自己，專利權人也可以授權他人實施其專利權。

## 一、專利授權的原因

　　專利權人所擁有之排他權利的意義，並非意味著有關製造、販賣及使用之權必須由專利權人加以實施[註2]，實務上，除了與企業本身產品有關的技術專利權人可能親自實施外，專利權人亦會藉由讓與或授權方式由受讓人或被授權人實施其專利。其中**專利授權**係指專利權人將其專有之製造、販賣及使用之排他權利全部或一部分有限制或無限制地授與被授權人實施。

　　就專利權人而言，除非專利權人本身具有實施的規模，包括製造、生產、行銷的專業能力，否則如一般的發明人通常受限於經濟上的限制，難以藉由自行實施其專利而從市場上獲得回報。

---

註 2：　專利權人行使專利權的行為稱之為「實施」，實施的行為依現行法規定：物之發明的實施，指製造、為販賣之要約、販賣、使用或為上述目的而進口該物之行為；方法發明之實施則包括使用該方法及使用、為販賣之要約、販賣或為上述目的而進口該方法直接製成之物。

　　有時技術的創新係在廠商生產製造過程中對於周邊技術的改良，可能是相關零組件構造的改良或配合使用的軟、硬體，專利權人本身並不生產該零組件，此時也會將該專利權授權供應廠商。

## 二、封鎖性專利（Blocking Patents）

　　在技術領域中，各廠商間所具專長不同技術互有領先，於是在專利的「圈地行為」下，造成生產某一產品時無可避免地會運用到其他專利，專利技術與專利技術之間相互形成封鎖效果[註3]，該等專利稱為具**封鎖性專利**（Blocking Patents）。

　　例如：甲首先發明了一種 CPU 用之承座取得了專利權，某乙日後依某甲的原始構造加以改良增加一卡固結構，可確保 CPU 與該承座間的結合，對於 CPU 用之承座領域而言具有實質的貢獻，亦取得專利權。某乙雖取得專利權，但如果加以實施，必將侵害某甲的專利權；而某甲之原始構造的承座則因某乙之改良構造問世而大為減少利用價值。因而造成甲、乙二專利權人空有專利權，卻因無法利用彼此的技術而形成僵局。廠商生產時必須經由**專利授權**方式始能避免侵權訴訟及充分利用專利技術。

　　由於專利權的排他性加上專利競爭所產生的封鎖效應，一項技術欲加以實施時，權利歸屬變得十分複雜，包括牽涉到多個權利人，再加上相關企業或權利人間不同的利害關係、對權利評估的差異等因素，將使得交易成本提高，對於利用該技術的意願隨之降低。

　　倘若企業欲將一項技術商品化時，必須披荊斬棘才能穿過一張錯綜複雜的專利權大網，交錯的專利權相互糾纏將使得任何廠商都不能依靠自己的專利來製造產品，這時專利制度反而造成多重障礙，而削減了鼓勵創新和讓技術公開的美意。於是技術交易市場自發性地發展出藉由授權如**交互授權**、**專利聯盟**等方法促進專利技術的相互利用，以避免多重權利所引起的僵局。

## 三、專利授權的意義

　　**專利授權**的意義除了專利權人可藉由讓與或授權方式由受讓人或被授權人實施其專利之外。**專利授權**的另一層意義是專利權人放棄對於被授權人受制於專利法上「排他權」的限制，放棄對於被授權人侵權訴訟的權利。換言之，在被授權期間，

---

註3： 通常上、下位概念的專利之間必然產生封鎖效應。

被授權人所為之行為不構成專利權的侵害。亦即專利的「排他權」可以透過授權契約全部或一部分地放棄，也就是專利權人允諾不起訴被授權人實施其專利的一種協議。

## 11-4　專利授權的種類

　　**專利授權**依其權能的限制可分為**專屬授權**、**非專屬授權**及**交互授權**，而授權管理的模式除了專利權人自己管理之外又可以**專利聯盟**的方式進行管理，而不論是何種授權模式都要簽訂**專利授權**契約以確保授權方與被授權方利益。

### 一、專屬授權

　　當專利權人自己不實施其專利且不再授權其他人實施時，專利權人可以選擇以讓與或以**專屬授權**方式，由受讓人或被授權人實施其專利。以**專屬授權**方式進行授權的意義係專利權人將其專有之製造、販賣、為販賣之要約及使用之排他權利全部且無限制地授與被授權人實施。

　　詳言之，**專屬授權**是指被授權方在一定的地域範圍和一定的時間期限，對授權方的專利擁有專屬之實施權的一種授權。也就是說，被授權人是該專利的唯一授權使用者，授權方和任何第三方均不得在該地域和期間內使用該項專利。但專利的所有權仍屬於授權人。其特點是，按照這種授權契約的規定，被授權人完全享有該專利的實施權。

　　依照**專屬授權**契約的規定，專利權人無權再將該項專利的實施權轉讓他人而且專利權人本人也不能實施該專利。只有當契約期滿後，專利權人才擁有實施該項專利或者向他人轉讓該項專利的權利。但**專屬授權**之被授權人可以再授權他人實施。一般實務上較少採取這種授權方式[註4]。

### 二、非專屬授權

　　而當專利權人自己不實施其專利或不再授權其他人實施時，則可以**非專屬授權**方式授予非專屬被授權人實施其專利，專利權人保留其再授權或另授權他人的權利，僅一部或有限制的授與非專屬被授權人實施其專利。

---

註4：　一百零二年施行之專利法第六十二條規定與本文所見略同。

　　**非專屬授權**是一種允許授權方多次授權的授權方式。也就是說,除了允許被授權人在規定的地域或時間內實施其專利外,還可以繼續允許其他第三者實施其專利,並且專利權人仍保留著自己對其專利的使用權。其特點是按照這種授權契約的規定,被授權人還可以根據契約規定的條件和範圍實施其專利,由此取得技術或利益。但同時應依約定的形式和數額向專利權人支付一定金額的報酬。按照這種契約的規定,在簽訂了上述**非專屬授權**契約後,專利權人仍有權自己使用其專利的權利,並繼續有權將其專利的實施權轉讓給他人。關於非專屬被授權人是否具有獨立提起訴訟之權,台灣高等法院台中分院曾判決指出:「縱有專利權侵害之情形發生,非專屬被授權人所受之損害亦僅屬間接損害,自無獨力提起民事救濟之權」(95年智上易第 18 號)。

## 三、交互授權

　　由於專利權的排他性會造成專利封鎖現象,為了解決此一現象,較佳的方法之一就是「**交互授權**」。「**交互授權**」係指:專利權人雙方約定在特定的技術領域下相互同意對方使用自己的專利或專有技術藉以分享彼此的專利技術。通常是當兩家公司在對方的產品或製程中,發現使用到自己的專利或「專有技術」時進行**交互授權**談判。雙方所採取的手段不是相互阻擋、告上法庭或是停止生產,而是進行交換授予實施權。

## 四、專利聯盟

　　**專利聯盟**(Patent Pool)之定義:一個**專利聯盟**指將一個專利權人或多個專利權人之間相互同意交換專利權,透過的中介的公司或組織,再授權給第三方。有關「Patent Pool」我國學者有稱「專利池」、「專利庫」、「專利組合」、「聯合授權」、「**專利聯盟**」、「專利策略聯盟」、「專利集中授權」、「專利共有」、「專利共泳」、「專利共同協議」等、至目前為止,尚無統一之名稱,本書認為「Patent Pool」本身就具有是一個授權實體的性質,同時又具有將專利聚合的特色,故採「**專利聯盟**」一詞。

　　以現今技術領域的發展而言,很難有一家企業的技術能夠獨占該技術之全部範圍,尤其在專利的領域中,為了解決「封鎖效應」、「專利叢林」等現象,以及為了避免擁有類似技術的廠商彼此之間常發生的侵權行為,類似技術的廠商彼此之間各貢獻自己的專利,形成**專利聯盟**,以集中管理的方式處理**專利授權**的問題。

　　**專利聯盟**的基本架構通常包括：(1) 統籌財產權（包括智慧財產權）於一個中央實體之中；(2) 建立一用來分配權利金的估價機制。與傳統的**專利授權**相較，由於集中管理的特性，**專利聯盟**可節省多數個專利權人分別授權之交易成本；除去製造廠商須與多數專利權人分別協議並簽署許多授權契約、支付多數權利金及臆測最後應支付的權利金總額為多少的麻煩；在合理之授權金條件下，授權予實施該等專利之廠商，專利權人就不需經由訴訟請求侵害補償，而讓各方花費高額的訴訟費用。故對於**專利聯盟**的評價，基本上認為**專利聯盟**有以下優點[註5]：(1) 有助於散布技術；(2) 降低產品價格；(3) 促進競爭；(4) 降低訴訟成本。

## 五、專利授權契約

　　在專利權讓與或授權實施時，當事人之間必須簽訂書面的契約以保障雙方的權益。**專利授權**合約也就是專利實施權的授權或稱許可契約，係指專利權人做為授權一方在專利權的有效期內，授權（許可）被授權方在一定期間內和一定範圍內實施其專利，被授權方支付約定的授權金（權利金、許可費、使用費）所訂立的合約。

　　**專利授權**契約中，專利權人稱為授權方（許可方），被授權人又稱被授權方（被許可方）。

　　**專利授權**契約通常包括下列條款：

1. 契約名稱（案由、授權人及被授權人）；
2. 專利權基本資料（專利名稱、申請日、申請號數、證書號、公告日又稱授權日）；
3. 授權型態與範圍（**專屬授權**或**非專屬授權**、授權區域）；
4. 技術服務的內容及範圍（安裝、測試）；
5. 驗收方式；
6. 權利金之收費或付款方式；
7. 延續性發明的歸屬；
8. 侵權時責任歸屬；
9. 違約事項的賠償規定（保密義務）；
10. 爭議的解決方式或管轄法院的約定（準據法）；

---

註5：　惟若形成**專利聯盟**時，將排斥**交互授權**以外的對象，則又違反公平交易的原則。

11. 名詞解釋；

12. 契約期間及終止期日。

# 11-5　強制授權

依照專利法的規定，未經專利權人同意原則上不得實施該專利技術，但在特殊情況下經由公權力的介入仍可有條件地實施，此種實施稱「特許實施」又稱為「**強制授權**」，中國大陸稱「強制許可」，係指依政府部門依法律可以不經過專利權人的同意，將專利技術直接允許申請人實施的一種行政措施。專利權的行使通常係經由專利權人與他人協議簽訂授權契約，係在自由意志下所完成；而**強制授權**則在維護公共利益的條件下違背專利權人意志，藉由國家的強制力強制性地授與第三人可以實施該項專利技術的特權。

## TRIPs[註6] 的規定

專利的**強制授權**除美國之外大多數國家皆有此一制度，而對於**強制授權**的規範TRIPs 有較詳盡的規範。

TRIPs 第 31 條係有關未經專利權人授權的其他實施亦即**強制授權**。其規定如下：

如果成員的法律允許未經專利權人授權而就專利的內容進行其他實施，包括政府實施或政府授權第三人實施，則應遵守下列規定：

a. 對這類政府實施或官方授權應個案處理；

b. 唯有在實施前，欲實施之人已經努力向專利權人要求依合理的商業條款及條件尋求授權，但在合理期限內未獲成功，始可允許這類實施。一旦某成員進入國家緊急狀態，或在其他特別緊急情況下，或在公共的且非商業上實施者，則可以不受上述要求約束。但在國家緊急狀態或其他特別緊急狀態下，應合理可行地儘快通知專利權人；

c. 實施範圍及期限均應侷限於原先允許實施時的目的之內；如果所實施的是半導體技術，則僅能進行公共的且非商業性的實施，或經司法或行政程式已確定為反競爭行為而給予救濟的實施；

---

註6：　與貿易有關的智慧財產權協定 Agreement on Trade-Related Aspects of Intellectual Property Rights 的簡稱。

d. 應屬**非專屬授權**；

e. 不得轉讓，除非與從事實施的那部分企業或商譽一併轉讓；

f. 均應主要為供應授權之成員域內市場之需；

g. 在適當保護專利權人之合法利益的前提下，一旦導致授權的情況不復存在，又很難再發生時，則應中止該項授權。主管機關應有權主動要求審查導致授權的情況是否繼續存在；

h. 在顧及有關授權實施之經濟價值的前提下，上述各種實施態樣均應支付專利權人權利金；

i. **強制授權**之決定的法律效力，應接受司法審查，或更高層級的其他獨立審查；

j. **強制授權**的權利金數額，應接受司法審查，或更高層級的其他獨立審查；

k. 如果**強制授權**係經司法或行政程式業已確定為反競爭行為的救濟始准許的實施，則成員無義務適用 b. 項及 f. 項之規定。確定這類情況的授權金額時，可考慮糾正反競爭行為的需要。一旦導致授權的情況可能再發生，主管當局有權拒絕中止該授權；

l. 如果**強制授權**係為准許實施一項專利（從屬專利），而若不侵害另一專利（基礎專利）又無法實施，則授權時應適用下列條件：

(1) 從屬專利之申請專利範圍所涵蓋的發明，比起基礎專利之申請專利範圍所涵蓋的發明，應具有經濟效益上的重大技術進步；

(2) 基礎專利之專利權人應有權按合理條款取得從屬專利所涵蓋之發明的**交互授權**；

(3) 基礎專利之授權，除與從屬專利一併轉讓外，不得轉讓。

　　由以上 TRIPs 對於專利**強制授權**的規範，可以歸納出以下特點：

1. 專利**強制授權**制度的有無係由成員國自行決定。

2. 專利**強制授權**的實施應僅限於個案的、有條件的、**非專屬授權**的、原則上不得轉讓的及供應域內市場所需的。

3. 專利**強制授權**的行政決定及授權金數額應接受司法審查。

## 11-6　我國的特許實施（強制授權）制度

　　原則上專利權屬於私權，是否實施理應由專利權人自行決定；但是為了防止濫權或因公益的需要，國家可以依法強制專利權人必需適當的實施或授權他人實施。

### 一、參照巴黎公約的規定

　　在過去，我國在七十五年十二月二十四日施行之專利法曾參照「巴黎公約」第五條第（一）項第 (2) 款規定，即各成員國都有權採取立法措施規定授予特許實施權，以防止由於行使專利所賦予的獨占權而可能產生的利弊，例如：不實施專利權。

　　當時專利法第六十七條規定：「專利權期間逾四年，無正當理由未在國內實施或未適當實施其發明者，專利局得依關係人之請求，特許其實施。專利局接到特許實施申請書後，應將副本發交專利權人，限期在三個月內答辯；逾期不答辯者，得逕行處理。前項特許實施權人對專利權人應予補償金，有爭執時，由專利局核定之。專利權依第一項規定特許實施後，特許實施權人，除應與特許實施有關之營業一併移轉外，不得允許他人實施。專利權人於專利局第一次特許實施公告之日起逾二年，無正當理由，仍未在國內實施或未適當實施其發明者，專利局得依關係人之請求，專利局得依關係人之請求撤銷其專利權」。

　　第六十八條規定：「有下列情事之一者，認為未適當實施：(1) 專利權人以其發明全部或大部分在國外製造，輸入國內；(2) 利用他人發明為再發明之專利權人，非實施原發明人之發明，不能實施其再發明；而原發明之專利權人，在合理之條件下拒絕租與再發明人實施者；(3) 在國外輸入零件，僅在國內施工裝配。」。

　　第六十九條規定：「核准專利之發明品，足以代替國內最需要之物品，雖經適當實施，仍不能充分供應時，專利局得規定期限令其擴充製造；逾期未擴充製造者，得依關係人之請求，特許其實施。前項擴充期限，得依專利權人之請求，酌予延長。第一項特許實施，準用第六十七條第一項至第三項規定。」。

　　依前開條文可知，當時強調的是國家經濟發展與技術移轉，在舊法的規定之下，若國人之專利權或外國輸入而於我國申請之專利權，未予實施或未適當實施，皆有限制競爭之虞，得依關係人之請求特許實施。

## 二、新增因應國家緊急情況、增進公益等申請事由（八十三年）

八十三年一月二十一日公布施行之專利法就申請特許實施的事由修正為：

1. 為因應國家緊急情況或增進公益之非營利使用或申請人曾以合理之商業條件在相當期間內仍不能協議授權時，專利專責機關得依申請，特許該申請人實施專利權。其實施應以供應國內市場需要為主。

2. 專利權人有不公平競爭之情事經法院判決或行政院公平交易委員會處分者，雖無前項之情形，專利專責機關亦得依申請，特許該申請人實施專利權。專利權人是否未實施或未適當實施已非申請**強制授權**的啟動要件。

特許實施於當時專利法的架構下，可因應國家緊急情況或增進公益之非營利使用、申請人曾以合理之商業條件在相當期間內仍不能協議授權、有不公平競爭之情事經法院判決或行政院公平交易委員會處分者等情況，由專利專責機關依申請而為特許實施之處分。自該法條增訂後，經濟部智慧財產局就赫夫曼羅氏股份有限公司之克流感疫苗專利及飛利浦公司之 CD-R 專利二案，分別依當時專利法第七十六條第一項規定「因應國家緊急情況」（H5N1 型禽流感疫情的肆虐）以及「申請人曾以合理之商業條件在相當期間內仍不能協議授權」（權利金計算方式的爭議）為由，分別核准行政院衛生署特許實施赫夫曼羅氏股份有限公司克流感疫苗專利（我國發明專利第八五一〇七四八七號）至九十六年十二月三十一日止以及國碩公司特許實施飛利浦公司在我國申請核准之第七七一〇〇二七八號等共五件專利權至各專利權到期日止。

### 三、特許實施的但書

專利權經由國家的強制力特許實施後，並非表示被准予特許實施之申請人即可無償地使用該等專利技術，若無償使用將造成專利權的不確定性。

例如我國專利法對於特許實施曾附帶規定包括：

1. 規定特許實施權人應給與專利權人適當之補償金，如有爭執時，由專利專責機關核定之。

2. 某一發明專利權被准予特許實施後，並不妨礙其他人就同一發明專利權再取得實施權。意即其他廠商或申請人在合於法定要件下亦可提出特許實施的申請。

3. 特許實施權，應與特許實施有關之營業一併轉讓、信託、繼承、授權或設定質權。

4. 當特許實施之原因消滅時，專利專責機關得依申請廢止其特許實施[註7]。

此外，我國特許實施權的效力僅及於國內，既使取得特許實施權也僅能在國內實施，一旦出口，仍須注意出口地的製造、販賣、使用及為販賣之要約是否受到當地專利權的阻卻。

### 四、強制授權的正名與啟動（一百年）

於一百年一月一日公布施行之專利法將「特許實施」更名為「**強制授權**」，將**強制授權**的啟動分為：1. 專責機關為了公益而主動發動，及 2. 根據申請認為有**強制授權**之必要，而強制專利權人授權他人在一定條件下可以實施。

1. 為公益而主動發動：

   (1) 為因應國家緊急危難或其他重大緊急情況。

   (2) 專利專責機關應依緊急命令或中央目的事業主管機關之通知。

2. 根據申請認為有**強制授權**之必要：

   (1) 增進公益之非營利實施。

   (2) 發明或新型專利權之實施，將不可避免侵害在前之發明或新型專利權，且較該在前之發明或新型專利權具相當經濟意義之重要技術改良。

   (3) 專利權人有限制競爭或不公平競爭之情事，經法院判決或行政院公平交易委員會處分。

---

註 7： 我國專利法第七十六條第四、五、六、七項參照（93 年專利法）。

　　當然，申請**強制授權**除提出申請者主張有**強制授權**的必要之外，法律另規定有其他條件，如申請人曾與專利權人以合理之商業條件在相當期間內協議但是協議不成者。此外**強制授權**僅是經由公權力強迫專利權人在非出於己意的授權他人實施，因此被授權人仍須支付合理的對價，如支付補償金或授予**交互授權**等。

　　**強制授權**僅是一段期間的不得已手段，因此在以下條件下，專利專責機關得依申請廢止**強制授權**：(1) 作成**強制授權**之事實變更，致無**強制授權**之必要；(2) 被授權人未依授權之內容適當實施；(3) 被授權人未依專利專責機關之審定支付補償金。

# 11-7　美國的強制授權規定

　　美國是少數在專利法中沒有**強制授權**規定的國家。美國的專利法沒有規定專利權人應實施其專利權的義務，一般也不執行**強制授權**，而且在對其他國家進行貿易談判時，甚至還會一併要求對方取消其**強制授權**制度[8]。

　　惟美國在以下三種情形下依法可**強制授權**：(1) 根據原子能法規定，由政府給予補償，對公共利益有重影響的發明，由原子能委員會授予第三方實施；(2) 涉及國家安全規定條款者；(3) 根據空氣潔淨法有關**強制授權**條款執行者[9]。

　　其中「一九七〇年空氣潔淨法」（The Clean Air Act of 1970）第三〇八條設有**強制授權**之規定，但須具備三項要件：(1) 實施該項發明專利將合於管理有害氣體汙染防治之規範；(2) 無其他合理的選擇；(3) 該發明專利拒絕授權之意圖在於造成獨占。但必須在合理的條件下經地方法院判決始可**強制授權**[10]。

　　美國於一九五二年版專利法修正時則曾一度考慮納入其專利法中但未列入[11]。專利之**強制授權**案例在美國係屬罕見，通常僅限於不正當取得專利、**專利聯盟**或**交互授權**且伴隨著掠奪性行為的個案[12]。

---

註 8：　美國指控巴西專利法**強制授權**條款，對於不在國內生產的專利，國內業者得要求**強制授權**在墨國自行生產，係違反智慧財產權協定。案經兩國進行諮商未能獲得協議，美國要求成立個案審議小組。墨國代表指出，美國專利法第二〇四、二〇九條亦有類似優待國內業者的規定，故持反對意見。「WTO 爭端解決機構 2001.01.22 臨時會」，http://www.moeaboft.gov.tw/global_org/wto/Wto-import/import3/900122.html

註 9：　馬秀山，《美國專利與科技縱橫》，頁 8。

註 10：FCAA TIII S308 MANDATORY LICENSING.

註 11：Dawson Chemical Co. v. Rohm and Haas Co. 100 S.Ct. 2601 U.S.Tex., 1980. at 2623. FN21.

註 12：James B. Kobak, Jr. ANTITRUST TREATMENT OF REFUSALS TO LICENSE INTELLECTUAL PROPERTY, 2002 708 PLI/Pat 577 at 594-595.

## 問題與思考

1. 一項產品或技術的具可專利性是否就等於可商業化？為什麼？

2. 擁有基礎型專利權者，實施針對其專利的改良形專利是否就沒有侵權問題？

3. 專利授權的意義為何？

4. 專利授權的種類有哪些？

5. 專利制度中「強制授權」其意義為何？

6. 我國專利法規定申請特許實施及授與特許實施的要件有哪些？

# Chapter
# *12* 專利侵權的認定與分析

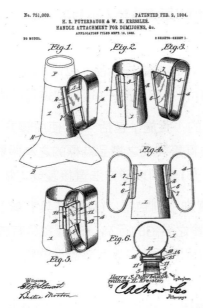

No. 751,009. PATENTED FEB. 2, 1904.
H. S. PUTERBAUGH & W. H. KRESSLER.
HANDLE ATTACHMENT FOR DEMIJOHNS, &c.
APPLICATION FILED SEPT. 10, 1903.
NO MODEL. 2 SHEETS—SHEET 1.

▲ US751009_1903 年獲准的套接
把手結構專利

## 學習關鍵字

## 12-1　專利權實施的意義

　　我國現行專利法規定：發明專利權人，除本法另有規定外，專有排除他人未經其同意而**實施**該發明之權。物之發明之**實施**，指製造、為販賣之要約、販賣、使用或為上述目的而進口該物之行為。新型及設計專利準用之[註1]。方法發明之**實施**，指使用該方法或使用、為販賣之要約、販賣或為上述目的而進口該方法直接製成之物。

　　所謂物品專利的「**實施**」包括：(1) 製造該物品；(2) 以該產品為標的之為販賣之要約的行為；(3) 販賣該物品；(4) 使用該物品；(5) 為前述目的而進口該物品。

　　而就方法專利而言，方法專利的「**實施**」包括：(1) 使用該方法；(2) 使用以該方法直接製成之物品；(3) 以該方法直接製成之物品為標的之為販賣之要約的行為；(4) 販賣以該方法直接製成之物品；(5) 進口以該方法直接製成之物品。

　　就設計專利而言，專利的「**實施**」則包括：(1) 製造具有該設計的物品； (2) 以具有該設計的物品為標的之為販賣之要約的行為；(3) 販賣具有該設計的物品；(4) 使用具有該設計的物品；(5) 為前述目的而進口具有該設計的物品。

　　專利權人自己可以否依自己的專利權加以**實施**？依現行專利法規定，專利權人似僅具有排除他人未經其同意而**實施**該發明、新型或設計的權利[註2]。專利權「**實施**」的權能若僅是禁止權，那專利權人該如何**實施**？專利權的**實施**包括積極的**實施**權及消極的禁止權，其中積極的**實施**權應包括在無任何在先有效的權利阻擋下可以自由**實施**的權利、將專利權授權給他人**實施**的權利，而消極的禁止權才是通說的排他權。

## 12-2　專利侵權與賠償

　　專利權為一種排他性權利，一旦第三人未經同意而**實施**其專利時就是一種侵害專利權的行為，專利權人可以請求除去之，有侵害的可能性時，可以請求防止侵害；對於因故意或過失侵害其專利權者，則可以請求損害賠償。

---

註1：　民國 111 年 05 月 04 日修正之專利法第 120 條、第 142 條參照。

註2：　民國 75 年 12 月 24 日公布之專利法第 42 條第 1 項曾規定，「專利權為專利權人專有製造、販賣或使用其發明之權」。

## 一、專利侵權的定義

專利權係授予專利權人，在法律規定的有效期限內，享有法律所賦予排他性權利，除法律另有規定外，可排除他人未經專利權人同意而**實施**其專利之行為。凡是未經同意的**實施**就是一種專利侵權行為。

## 二、專利侵權的要件

1. 有效的專利權：

包括：(1) 有效國家或地區的專利（專利權係一種屬地主義的權利，何處取得專利何處受到保護）；(2) 專利未屆滿（專利有一定的保護期限）；(3) 按期繳納專利年費。

2. 有侵害專利的行為事實：

侵害發明專利的行為事實包括：未經專利權人同意而**實施**該發明。其中物之**實施**，指製造、為販賣之要約、販賣、使用或為上述目的而進口該物之行為。方法發明之**實施**，指使用該方法或使用、為販賣之要約、販賣或為上述目的而進口該方法直接製成之物。

侵害新型專利的行為事實包括：未經專利權人同意而製造、為販賣之要約、販賣、使用或為上述目的而進口該新型之行為。

侵害設計專利的行為事實包括：未經專利權人同意而製造、為販賣之要約、販賣、使用或為上述目的而進口該設計之行為。

3. 侵權人有故意或過失：

侵權行為之責任成立，採取過失責任主義，係以行為人具有故意或過失為必要，故侵害專利權之損害賠償，須加害人有故意或過失始能成立[註3]。何謂故意或過失，民法並無明文，一般文獻於解釋上，常依刑法第 13 條與第 14 條之規定說明。所謂故意者，係指行為人對於構成專利侵權之事實，明知並有意使其發生者。或者，預見其發生而其發生並不違背其本意，此為間接故意[註4]。

我國法院在專利侵權事件中判斷故意與否，曾經審酌的因素至少包括：

(1) 一錯再錯，如已有侵害系爭專利之前案確定判決又再度侵權。

(2) 仿製或仿造後另申請專利。

---

註 3：　參見最高法院 93 年度臺上字第 2292 號判決。
註 4：　參見智慧財產法院 98 年度民專訴字第 136 號民事判決。

(3) 迴避設計失敗[5]。

(4) 有無參考外部法律意見。

(5) 收到侵權通知後或曾與原告協商後是否繼續製造。

　　過失的定義與在專利侵權事件中的衡酌基準：

　　我國智慧財產法院，在審理財團法人工業技術研究院訴瑞典商索尼愛立信行動通訊國際股份有限公司專利侵權案中，羅列在專利侵權事件中對於過失與否的判斷方式指出，所謂過失係指能預見或避免損害之發生而未注意，致使損害發生；至所謂能預見或避免之程度，即行為人之注意義務，則因具體事件之不同而有高低之別，通常係以善良管理人之注意程度為衡酌基準，在專利侵權事件，法律雖無明文規定，惟製造商或競爭同業與單純之零售商、偶然之販賣人等，對能否預見或避免損害發生之注意程度，必不相同，應於個案事實，視兩造個別之營業項目、營業規模包括資本額之多寡及營收狀況、營業組織如有無研發單位之設立、侵害行為之實際內容等情形判斷行為人有無注意義務之違反[6]。

# 三、民事責任

　　我國自專利侵權全面除罪化[7]之後，專利侵權就僅屬民事上的侵權行為，侵害專利的民事責任通常包括，停止侵權行為、金錢上的損害賠償、銷毀侵權物及／或製造侵權物的模型、原料或器具等。其中金錢上的損害賠償專利權人得就下列三種擇一計算其損害：

1. 依民法第 216 條規定。但不能提供證據方法以證明其損害時，專利權人得就其**實施**專利權通常所可獲得之利益，減除受害後**實施**同一專利權所得之利益，以其差額為所受損害。

2. 依侵害人因侵害行為所得之利益。

3. 依授權**實施**該發明專利所得收取之合理權利金為基礎計算損害。

　　另侵害行為如屬故意，法院得因被害人之請求，依侵害情節，酌定損害額以上之賠償。但不得超過已證明損害額之三倍。

---

註 5： 參見智慧財產法院 104 年度民專上更 (一) 字第 9 號民事判決中指出；「被告○○○主觀認為系爭產品已不同於系爭專利，並無侵權之故意，惟被告自承其在知悉系爭專利甲後，即開始進行迴避設計、生產，其即應避免造成侵權之結果，且明知有此可能性，仍執意為之，縱無故意，亦難謂毫無過失，就該等侵權行為應負過失責任。」

註 6： 參見智慧財產法院 99 年度民專訴字第 156 號民事判決。

註 7： 自 92 年 3 月 31 日起侵害他人專利權已無刑事責任。

## 四、故意罰三倍

　　原則上一般專利侵權的損害賠償應以填補專利權人所受損害及所失利益為限。但是專利權人所受損害及所失利益尚包括無形的商譽與商機，計算不易，因而增設對於故意侵權者增設**懲罰性賠償**金的規定。此一**懲罰性賠償**金的規定，如下所列：

1. 始於民國八十三年一月二十一日修正公布之專利法第八十九條第三項：「依前二項規定，侵害行為如屬故意，法院得依侵害情節，酌定損害額以上之賠償。但不得超過損害額之二倍。」

2. 九十三年七月一日施行之專利法第八十五條第三項則規定：「依前二項規定，侵害行為如屬故意，法院得依侵害情節，酌定損害額以上之賠償。但不得超過損害額之三倍。」

3. 一百年十二月二十一日曾一度刪除**懲罰性賠償**的規定，其理由認為：「**懲罰性賠償**金係英美普通法之損害賠償制度，其特點在於賠償之數額超過實際損害之程度，與我國一般民事損害賠償係採損害之填補不同，爰將此規定刪除，以符我國一般民事損害賠償之體制。」

4. 一百零二年六月十一日修正公布之專利法九十七條第二項規定：「依前項規定，侵害行為如屬故意，法院得因被害人之請求，依侵害情節，酌定損害額以上之賠償。但不得超過已證明損害額之三倍。」恢復了**懲罰性賠償**之規定。

---

**實際案例 Ex 美國安堤格里斯公司**

　　我國智慧財產法院在審理「美國安堤格里斯公司」訴「家登精密工業股份有限公司」專利侵權一案[註8]，原告請求法院酌定已證明損害額三倍以下之懲罰性賠償金，一審法院判決認為被告至少在原告起訴後甚至法院已為申請專利範圍之解釋後，仍繼續為製造、銷售系爭產品之行為，已具有侵權之故意，衡酌被告侵害系爭專利之期間、造成之損害，兩造在市場上之競爭關係等一切情狀，認為原告得請求之懲罰性賠償金，為已證明損害額之 1.5 倍即 9 億 7886 萬 9835 元。

---

註 8：　參見智慧財產法院 104 年度民專訴字第 36 號民事判決。

## 五、美國的懲罰性賠償

美國專利法第 284 條第 2 項[註9]規定於專利侵害案件「法院有權將決定之損害賠償額增加至三倍」的相關規定，並另於 285 條規定法院特殊情況下「有權判決敗訴者支付合理的律師費用」給予勝訴者。也就是説，故意侵權的代價可能遭到判罰三倍損害賠償，再額外加上專利權人所支付的律師費。

美國係於 1793 年 2 月 21 日首次將三倍損害賠償引入美國專利法，該法案允許專利權人可透過訴訟獲得「一筆至少相當於專利權人通常已向他人出售或授權價格三倍的賠償金額」。1800 年 4 月 17 日的法案則規定，專利權人可透過訴訟獲得「相當於專利權人所受實際損害三倍的賠償金額」。這些法案都不允許法院在評估三倍損害賠償時有自由裁量權[註10]。

由於在 1836 年之前的美國專利法，其授予專利權的條件係只需要提出申請，在形式上有説明書及圖示，並經發明人宣誓即可授予專利權，就如同現今的形式審查一般，導致出現重複專利或大量公共財被授予專利權的亂象，更甚者則是濫用三倍賠償的規定四處興訟。直到 1836 年 7 月 4 日的專利法修法才設置專責的專利審查人員對專利案進行實體審查，同時賦予法院就三倍損害賠償的自由裁量權。

以下依歷史的進程，重點式的介紹美國法院在一連串的專利侵權事件中，與建立關於舉證責任的分配、如何判斷「故意」（willful）及提高賠償金審酌因素的幾個重要案件。

1983 年美國聯邦巡迴上訴法院在 Underwater 案[註11]建立了被控侵權人一旦知曉他人的專利權存在，就負有必須取得律師意見以避免被認定為故意侵權的積極義務。

1992 年美國聯邦巡迴上訴法院在 Portec 案[註12]中提出判斷是否提高賠償金的八個審酌因素包括：

1. 侵權人是否故意抄襲他人的想法或設計；

2. 侵權人在知道專利權人有受到專利保護後，是否為善意地分析調查專利是否無效或是否不侵權；

---

註 9： 35 U.S.C. 284 DAMAGES. When the damages are not found by a jury, the court shall assess them. In either event the court may increase the damages up to three times the amount found or assessed. Increased damages under this paragraph shall not apply to provisional rights under section 154(d).

註 10： In Re Seagate Technology, LLC, 497 F.3d 1360（Fed. Cir. 2007）

註 11： Underwater Devices Inc. v. Morrison-Knudsen Co., 717 F.2d 1380, 1389-90 (Fed. Cir. 1983)

註 12： Portec, 970 F.2d at 827.

3. 侵權人作為訴訟當事人時的行為；

4. 被告的規模與財務狀況；

5. 與其他案件相類似的程度；

6. 侵權人不當行為所持續的期間長短；

7. 侵權人的侵權動機；

8. 被告人是否企圖隱瞞其不當行為。

　　2007 年美國聯邦巡迴上訴法院在 Seagate 案[註13] 否定了 Underwater 案所謂取得律師意見是一種積極義務。並重新檢視故意侵權的法理，在歸納最高法院關於著作權及影響消費者權益等案件後，認為最高法院對「故意」（willful）的定義與普通法用語一致，是包含了「輕率」（reckless）的行為；而 Underwater 案所建立的門檻則類似「過失」（negligent）的行為與最高法院的判決先例相違背，因此否定了 Underwater 案所建立的門檻，而對於故意侵權（willful infringement）的判斷則衍生出所謂的 Seagate 測試法：

　　首先專利權人必須明確且令人信服的證明，儘管客觀上有構成侵害有效專利的風險，但被控侵權人仍為所欲為（不需要考量被控侵權人的意識狀態）；且專利權人必須明確且令人信服的證明，該客觀上的侵權風險是已知的，或者是非常顯而易見的[註14]。亦即專利權人須負相當的舉證責任。

　　2016 年美國最高法院則在 Halo 案[註15] 廢棄了前述的 Seagate 測試法，主要原因認為，過去要求專利權人須舉證至明確且令人信服之標準過於嚴苛，且因為舉證的困難，可能使原應受懲罰的惡意侵權人無法對其處以**懲罰性賠償**[註16]。在此案之後法院認定「故意」（willful）的門檻降低了，專利權人的舉證責任也相對減輕，因此被告被判處故意侵權的可能性變高了。

---

註 13：In re Seagate Tech., LLC, 214 Fed.Appx. 997 (Fed.Cir.2007).

註 14：判決原文 Accordingly, to establish willful infringement, a patentee must show by clear and convincing evidence that the infringer acted despite an objectively high likelihood that its actions constituted infringement of a valid patent. See Safeco, 127 S.Ct. at 2215 ("It is [a] high risk of harm, objectively assessed, that is the essence of recklessness at common law."). The state of mind of the accused infringer is not relevant to this objective inquiry. If this threshold objective standard is satisfied, the patentee must also demonstrate that this objectively-defined risk (determined by the record developed in the infringement proceeding) was either known or so obvious that it should have been known to the accused infringer.

註 15：Halo Electronics, Inc v. Pulse Electronics Inc

註 16：https://www.bipc.com/willful-infringement-and-enhanced-damages

> **實際案例 Ex 松下控股公司告神基科技**
>
> 　　松下控股公司（Panasonic Holdings Corporation）於 2019 年 6 月 5 日，在美國加州中部聯邦地方法院提出設計專利侵權訴訟案[註17]，主張神基科技股份有限公司及 Getac Inc. 所販售之 K120 強固型平板電腦，侵害松下控股公司所擁有的三件美國設計專利。於 2022 年 6 月 9 日，陪審團作出判決，判定三件設計專利均有效，被控侵權產品皆構成侵害，且被告神基科技係故意（willful）侵權，並判決神基科技應支付 1751 萬餘美元侵權損害賠償給松下控股公司。

## 六、賠償金額與權利金

　　法院在決定專利侵權的賠償金額時，其原則係不得少於合理的權利金，問題是對於合理權利金的「合理」程度的判斷本非易事，在美國 Georgia-Pacific Corp. v. U.S. Plywood Corp. 案[註18] 中，法院曾舉出 15 項決定合理權利金的因素包括：

1. 該專利權已授權他人的權利金數額；

2. 被授權人使用其他與該專利權相當的其他專利，所支付之權利金數額；

3. 授權範圍及授權性質；

4. 授權人的授權策略與市場的計畫；

5. 被授權人與授權人間之商業關係，如是否為競爭關係；

6. 被授權人因銷售專利產品所帶來的附加價值，如推廣非專利涵蓋產品之銷售；

7. 專利權及授權契約之期間長短；

8. 授權產品之獲利能力、商業成功及其普及率；

9. 與既有方法或設備相較，**實施**該專利權所能帶來的實用性及優點；

10. 該專利的性質、其商業**實施**例之特性與利用該發明所能帶來的利益；

11. 被授權人利用該專利的程度；

12. 同業間使用該專利權或相當的其他專利權，權利金所占獲利率或銷售價格的比例之慣例；

13. 廠商之獲利歸因於該專利權及其他非專利權的因素的比例；

14. 專家之意見；

15. 授權人與被授權人間授權合意的程度。

---

註 17：Panasonic Holdings Corporation v. Getac Technology Corporation et al

註 18：Georgia-Pacific Corp. v. U.S. Plywood. Corp. 318 F.Supp. 116 D.C.N.Y. 1970. at 1120.

　　由上可知對於合理的權利金的判斷須考慮許多因素，難有一定的標準，當探究各案的事實而定。

# 12-3　製造方法的推定

　　一般而言，侵權行為的舉證責任在指控他人侵權的一方（亦即原告），主張他人侵權者自應負舉證責任，若要求被控侵權人自己證明自己的清白或無辜顯然與法理不合。然而在製造方法專利的侵權與否的舉證責任則有不同。

　　我國專利法第九十九條規定：「製造方法專利所製成之物在該製造方法申請專利前，為國內外未見者，他人製造相同之物，推定為以該專利方法所製造。前項推定得提出反證推翻之。被告證明其製造該相同物之方法與專利方法不同者，為已提出反證。被告舉證所揭示製造及營業秘密之合法權益，應予充分保障。」其意義在於，若製造方法專利所製成之物品在該製造方法申請專利前為國內外未見者，也就是新的物品，則推定該新的物品為以該專利方法所製造，因為製造方法通常發生在產品的製造過程中，生產線上的製造過程通常被業者視為機密，專利權人難有進入生產現場的機會，若要求專利權人提出證據證明被告所生產的產品與其製造方法專利相同，顯然強人所難。

　　因此法律規定此時舉證責任轉換，即舉證責任由原告（方法專利權人）移轉到被告一方（被控侵權人），如果被告可以證明這樣的新的物品係由不同於專利權人的方法專利所製造而成，則如此的反證即可成為不侵權的證明，可以推翻該新的物品為以該專利方法所製造的推定。

# 12-4　專利範圍的解釋

　　對於專利範圍所主張權利的大小，由於以文字界定技術具有先天上的困難，因此如何界定適當的範圍，在實務上及法院的判例上有不同的見解，於是發展出「**周邊限定**」、「**中心限定**」及我國所謂的「**周邊限定**」與「**中心限定**」的折衷方式稱「**折衷限定**」等的申請專利範圍解釋原則。

## 一、周邊限定（Peripheral Definition）

　　所謂**周邊限定**，係對於申請專利範圍採嚴格的文字解釋，亦即僅限於申請專利範圍中所記載的字義（文義），不得向外延伸適用。被控侵權物或方法必須對應符

合申請專利範圍中所記載的每一個技術構成及特徵，才能被認為是落入申請專利範圍之中，只要有所不同，即不侵權。

此一界定方式有助於專利範圍的明確化，申請專利範圍中的文字一旦為專利主管機關所審定，其申請專利範圍也就因此確定，在侵權比對時，申請專利範圍所主張的「範圍」就是該專利所被保護的最大限度，沒有「類推」的空間，依此種申請專利範圍解釋原則所界定的權利範圍較為明確，但對於發明人的保護則較為不利。

## 二、中心限定（Central Definition）

所謂中心限定，係以申請專利範圍為界，不限於申請專利範圍的字義（文義），所重視的是發明的實質部分。以申請專利範圍為中心，並將發明的目的、構成以及說明書及圖式納入考慮，對於發明人在申請當時所未能預想得到的其他**實施**的態樣，不須窮盡文字的變化，對於申請專利範圍的認定容許適度的彈性，將申請專利範圍僅視為一種**實施**態樣。被控侵權物或方法則不須對應符合申請專利範圍中所記載的每一個技術構成及特徵，只要有等同的對應即可被認為是落入申請專利範圍之保護中，即使有所不同，也未必不侵權。

也就是說對於「均等」的技術手段仍視為可以向外延伸適用的範圍。依此種申請專利範圍解釋原則所界定的權利範圍具有「擴大」的效果，對於專利權人有利，相對地就有損及公共利益之虞。

## 三、圖例

**周邊限定**與**中心界定**之差異可以下圖（圖 12-1）表示，如果圓形係對於所要保護技術的範圍，實心圓則係在採「**周邊限定**」的申請專利範圍解釋原則下所界定出的保護範圍。虛線圓則係在採「中心限定」的申請專利範圍解釋原則下所界定出的保護範圍。

**圖 12-1** 周邊限定與
中心界定之差異

## 四、折衷限定

**折衷限定**是與**周邊限定**與**中心界定**兩個極端之間，對於一項專利所獲得保護範圍之解釋的一種折衷的認定方式。

根據歐洲專利條約（EPC）第六十九條第一項規定[註19]，專利的保護範圍根據

---

註 19：1973 年施行。

申請專利範圍加以確定，說明書與圖式用來解釋申請專利範圍。其意義即，對於專利的保護範圍除了申請專利範圍的文字之外，亦需參照說明書及圖式後方可確定其範圍。目前我國[20]與中國大陸[21]專利法的現行規定，基本上與歐洲專利條約的規定類似。

# 12-5　申請專利範圍的解釋權

對於申請專利範圍的解釋不應任意改變其既有的範圍，對於申請專利範圍的解釋在美國法院的實務上究竟係屬於法律問題或事實問題一直有所爭論，在一九八七年 Tandon Corp. v. Int'l Trade Comm.[22] 一案美國法院對於專利範圍的解釋即認為屬法律問題，應由法官決定，是否侵權屬事實問題由陪審團決定。直到一九九六年 Markman v. Westview Instruments, Inc.[23] 一案美國最高法院才明確裁定，關於專利範圍的解釋屬於由法官解決的法律問題，當法官確認某一專利範圍後才由陪審團決定被控侵權產品或方法是否侵權。

對於申請專利範圍的解釋，必須為說明書、圖式及審查歷程所支持，一個公平合理的申請專利範圍的認定，依序係根據：(1) 說明書；(2) 申請過程；(3) 先前技術所決定。

# 12-6　專利侵權比對的基本原則

在專利權有效期內，任何人未經專利權人的同意而製造、為販賣之要約、販賣、使用或為上述目的而進口者就屬專利侵權。而侵害專利權的是前述的各種「行為」，確定上述「行為」是否侵權，則須就上述「行為」所涉及的產品或方法與專利權的權利範圍加以比較，若所涉及的產品或方法落入專利權的權利範圍，則上述「行為」即為侵權行為。

在進行專利侵權比對時，係將被控侵權物或方法與專利權的權利範圍進行比對。而不是專利權人實際生產的物品或方法與被控侵權物品或方法比對，也不是專

---

註 20：我國專利法第五十八條第三項規定：「發明專利權範圍，以申請專利範圍為準，於解釋申請專利範圍時，並得審酌說明書及圖式。」

註 21：中國 專利法第五十九條第一款規定：「發明或者實用新型專利權的保護範圍以其權利要求的內容為准，說明書及附圖可以用於解釋權利要求的內容。」

註 22：Tandon Corp. v. Int'l Trade Comm., 831 F.2d 1017, 1021, 4 USPQ2d 1283, 1286 Fed Cir.1987.

註 23：Markman v. Westview Instruments, Inc. 116 S.Ct. 1384 U.S.Pa., 1996.

利權人的專利範圍與被控侵權者的專利範圍相比對,專利侵權比對有以下幾項簡單的基本原則。

### 1. 構成要件及相對關係完全相同即構成侵權。

若被控侵權物的構成要件及相對關係與申請專利範圍比較之後,發現被控侵權物的構成要件及相對關係,均與申請專利範圍對應且相同。例如:被控侵權物的構成要件包括 A、B、C 及相對關係 D,而申請專利範圍之構成要件亦為 A、B、C 相對關係 D 即屬侵權。

### 2. 增加一個或一個以上的其他構成要件仍構成侵權。

即被控侵權物的構成要件及相對關係與申請專利範圍相較,發現被控侵權物的構成要件及相對關係,除了申請專利範圍的全部構成要件及相對關係外,還增加其他的構成要件。例如,被控侵權物的構成要件包括 A、B、C、E,而申請專利範圍之構成要件為 A、B、C,雖然被控侵權物增加了 E 構成,但仍屬侵權。

### 3. 部分構成要件不相同,但不相同部分屬於等效之替換仍構成侵權。

即被控侵權物的構成要件及相對關係與申請專利範圍相較,雖然在構成要件之數量上兩者係相同、相對關係也相同,唯其中之部分構成要件有所不同。經比較分析後,該被控侵權物與專利案所不同之構成要件對熟習該項技術者而言,僅係屬於等效手段的替代者,則仍屬侵權。例如:被控侵權物的構成要件包括 A、B、C,而專利案之申請專利範圍之構成要件為 A、B、C',雖然被控侵權物之構成要件 C' 在名稱或技術手段上與專利案之申請專利範圍之構成要件 C 不同,但 C' 與 C 屬於等效,兩者是均等物,則被控侵權物仍構成侵權。

### 4. 與申請專利範圍中各構成要件名稱相同但相對關係不同,則不構成侵權。

即被控侵權物的構成要件及相對關係與專利範圍相較,雖然構成要件的數量、名稱皆相同,但構成要件間的結合關係或相對位置不同則不構成侵權,例如:申請專利範圍之構成要件包括 A、B、C 且 A 在 B 右側、B 在 C 右側,而被控侵權物的構成要件之構成要件雖然亦包括 A、B、C 但是 A、B、C 間的結合關係並非 A 在 B 右側、B 在 C 右側時,則被控侵權物並不構成侵權。

### 5. 缺少一個或一個以上構成要件則不構成侵權。

即被控侵權物的構成要件與申請專利範圍的構成要件,係缺少專利案之申請專利範圍中的一個或一個以上構成要件,因為專利案之申請專利範圍係不可分割的,因此當申請專利範圍中之所有的構成要件並未被全部使用,被控侵權物與申請專利

範圍即屬不同。例如：被控侵權物的構成要件包括 A、B，而申請專利範圍之構成要件為 A、B、C，被控侵權物缺少 C 構成，因為被控侵權物的構成不被申請專利範圍所涵蓋，故不構成侵權。

### 6. 有一個或一個以上構成要件不相同即不構成侵權。

當被控侵權物的構成要件及相對關係與申請專利範圍相較，若當有一個以上的構成要件不相同，且對熟習該項技術者而言，該不同的構成要件又不屬於等效物時，則被控侵權物與申請專利範圍即屬不同。例如：被控侵權物的構成要件包括 A、B、D，而申請專利範圍之構成要件為 A、B、C，被控侵權物的構成要件 D 與申請專利範圍之構成要件 C，若不屬於等效物，則無**均等論**的適用，即不構成侵權。

## 12-7　文義侵權

判斷被控侵權對象是否構成**文義侵權**，必須視申請專利範圍之請求項中的文字是否可以一一的對應到被控侵權對象上，又稱為「字義（文義）重疊」（Literal Overlap），亦即將專利範圍之請求項進行解釋，若解釋後之請求項的每一個技術特徵皆對應的出現在被控侵權對象中，則稱該請求項被「文義讀取」或稱被控侵權對象符合「文義讀取」，此時被控侵權對象即應判斷為構成**文義侵權**。

**全要件原則**（All Element Rule）又稱全限制原則，亦即申請專利範圍之請求項的解釋除了每一元件之外，尚包括申請專利範圍之請求項中的各種限制條件，將申請專利範圍之請求項的所有構成要件（element）與被控侵權對象之所有構成要件逐一比對，這種一對一的比對稱為「**全要件原則**」。

**全要件原則**有三個規則，包括：(1) 確實原則（Rule Of Exactness）被控侵權對象直接落入專利案之申請專利範圍之請求項中的全部構成要件，而無任何附加或刪減。凡是符合確實原則者，即構成**文義侵權**；(2) 附加原則（Rule Of Addition）被控侵權對象直接落入系爭專利申請專利範圍之請求項中的全部構成要件，並添加其他新組成物或新步驟。凡是符合附加原則者，即使被控侵權對象新增多個新的構成要件仍構成**文義侵權**；(3) 刪減原則（Rule Of Omission）被控侵權對象僅具有系爭專利申請專利範圍之請求項中的部分構成要件。凡是符合刪減原則者，被控侵權對象只要少了一個系爭專利申請專利範圍之請求項中的構成要件即不構成**文義侵權**。

原則上文義讀取的比對時，所比對的每一構成要件都必須是實質且必要的（Material And Essential）。惟根據我國專利侵害鑑定要點的規定，已不再要求每

一構成要件皆為「實質且必要」，申請專利範圍之請求項中的所有構成要件皆屬必要。

如果被控侵權對象完全地對應申請專利範圍之請求項的每一元件及限制條件，則稱該請求項被「文義讀取」，被控侵權對象即應判斷為構成**文義侵權**。

反之，若申請專利範圍中之請求項中的文字不能對應到被控侵權對象上，或不能完全地對應，如被控侵權對象解釋起來文義不同或缺少任一個構成要件或某一構成要件在文字意義上不同，即不符合「文義讀取」不構成**文義侵權**。

當被控侵權對象被判斷為構成**文義侵權**時未必就一定侵權，尚須檢視是否有**逆均等論**的適用，若無**逆均等論**的適用方屬侵權。

# 12-8　均等論

一八五四年美國 Winans V. Denmead[註24] 專利侵權案中，最高法院對於申請專利範圍的解釋，是將「**均等論**」視為一種法律規則的濫觴[註25]，該案之專利係有關一項上端為圓柱狀下方漸縮且平截的錐形運煤車（圖 12-2），可以達到均散承載重力的功效。被控侵權人之運煤車則採八角形錐狀的設計，最高法院推翻地方法院不侵權的判決，指出地方法院所認定專利權人之專利僅及於圓錐形的車體，而不及於以直線性圍繞的車體是錯誤的。最高法院並指出被控侵權之八角形錐狀的設計在 (1) 構造（structure）；(2) 操作方式（mode of operation）；(3) 得到的結果（result attained）與係爭專利是相同，故認定被控侵權人之八角形錐狀的設計侵權。

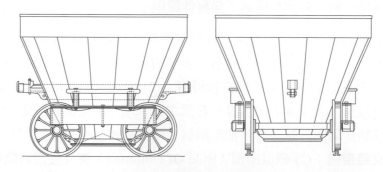

**圖 12-2**　錐形運煤車專利

---

註 24：Winans v. Denmead 56 U.S. 330 U.S., 1854

註 25：37 Akron L. Rev. 339.

在此之前，更早的案例可向前追溯到包括一八二二年 Evans v. Eaton 案[註26] 及一八一四年 Odioren v. Winkley 案[註27]，其中 Evans v. Eaton 案所涉及的是收割機的專利，法院認為該收割機的分配器若為原告所首創，則原告可主張那些以相同原理，藉由類似的方法或均等的組合而執行相同功能的分配器製造者侵權。在 Odioren v. Winkley 案中 Story 法官首揭若被告所使用的機器實質上與原告專利的原理、形式及運作相像則屬侵權，若只是在色彩上加以變換則仍屬侵權。

而現今所採用之作用——方法——結果（work-way-result）[註28] 的「三步測試法」，則是由美國一八七七年 Union Paper-Bag Mach. Co. v. Murphy[註29] 一案，法院引用學者 Curtis 之著作，綜合法院過去所採用之 same work、same way、same result 的判斷原則[註30] 演繹而來。該案係一依照舊裁紙機專利（US24734）加以改良而侵害當時的新裁紙機專利（US146774）之訴訟案件（圖 12-3）。

圖 **12-3**　US146774 專利

---

註 26：Evans v. Eaton 20 U.S. 356 1822.

註 27：Odioren v.Winkley 18 F. Cas. 581 C.C. Mass. 1814.

註 28：有稱機能——手段——結果 function-way-result。

註 29：Union Paper-Bag Mach. Co. v. Murphy 97 U.S. 120 Mem U.S., 1877 at 125.

註 30：Authorities concur that the substantial equivalent of a thing, in the sense of the patent law, is the same as the thing itself; so that if two devices do the same work in substantially the same way, and accomplish substantially the same result, they are the same, even though they differ in name, form, or shape. Id. at 125.

## 一、均等論的確立

於一九五〇年美國最高法院在 Graver Tank & Mfg. Co. v. Linde Air Products Co.[31] 一案中，由 Jackson 大法官判定被告在**均等論**下侵害原告之美國專利第 2,043,960 的申請專利範圍第 18, 20, 22 及 23 項。該案所涉及的是一電弧焊的焊料專利，被告之焊料主要係以錳的成分取代鎂的成分。除了錳與鎂的差異之外，其他的構成相同，電焊的操作並無不同，所產生的焊接效果相同，錳與鎂的諸多化學反應也相似，因此最高法院以多數意見判定其在**均等論**的適用下侵權。也確立了日後**均等論**的地位。

**均等論**的實質在於討論什麼是均等物，設若兩個裝置如果達成相同的功能，基本上又以相同的方式達到相同的結果，則這兩個裝置被認定為均等物。

**均等論**的意義係指被控侵權物的名稱、形式或態樣，雖然與申請專利範圍所描述者不完全相同（並不構成**文義侵權**），但在實質上被控侵權物與申請專利範圍所界定之物兩者係均等物，故仍可以視被控侵權物與申請專利範圍相同（即構成侵權）。亦即當兩個不同名稱、形式或態樣的裝置以實質相同的方法，產生相同的作用（功能），並達成相同的結果則滿足均等理論的適用[32]。

如果被控侵權物省略或取代申請專利範圍中的某一元件，而這種取代或替代元件是非必要元件，則構成侵權的可能性就提高，這樣的取代或替代手段被視為在均等的範圍。凡是在專利申請過程中所放棄的技術範圍不能再重為主張適用「均等」範圍。

替代元件是否屬於均等通常以置換容易性及置換可能性加以衡量[33]，置換容易性應檢視置換的目的、功效及作用效果；置換可能性則應檢視置換的手段是否為業者所能易於思及的[34]。

均等理論的適用並非可無限上綱的任意使用，只有當申請專利範圍經過適當的解釋仍不能涵蓋被控侵權物時，才有**均等論**的適用。

---

註 31： Graver Tank & Mfg. Co. v. Linde Air Products Co. 339 U.S. 605 1950.

註 32：「The theory on which the doctrine of "equivalents" is founded is that if two devices do the same work in substantially the same way, and accomplish the same result, they are the same, even though they differ in name, form, or shape.」70 S.Ct. 854 U.S. 1950.

註 33：我國侵害鑑定審查基準指出均等之成立要件：1 置換可能性，其行為型態係發明之構成要件之一部分以其他相異之技術置換，其實質上之功能、效果均相同，且該行為型態係屬發明之技術思想範圍；2 置換容易性，其置換為對該業者是容易推知的。

註 34：對於置換時間點的認定有採申請日者，亦有採侵害之時者，我國侵害鑑定審查基準認為多數說為侵害之時。

　　**均等論**的適用不得將發明以整體觀之（as a whole）的方式比對，亦即不得以整體觀之被控侵權物執行實質相同的功能（work、function），整體觀之被控侵權物以實質相同的方法（way、means）達到實質相同的結果（result）而判斷被控侵權物侵權。在手段或方法（way）的比對時，必須是元件對元件（element by element）地逐一比對。

## 二、檢視均等論的步驟

　　在適用**均等論**時，實務運作的測試步驟依序為「結果—作用—方法」[註35]，也就是説，應先檢視被控侵權物與係爭專利之發明是否產生相同的結果，如果不是，則顯然不均等，也就不需進一步的比對。設若產生相同的結果，功能也相同才有繼續比較的必要。其測視步驟如下：

1. 先檢視被控侵權物與係爭專利之發明所產生的結果（result）是否相同，如果不同即不均等。

2. 若相同則檢視被控侵權物與係爭專利之發明所產生相同結果的作用方式（work）是否相同，如果不同即不均等。

3. 若相同則檢視被控侵權物與係爭專利之發明構成要件一對一的比較各構成要件所達成相同作用所時所使用的方法（way）是否相同，如果相同即為均等，如果不同仍不均等（圖 12-4）。

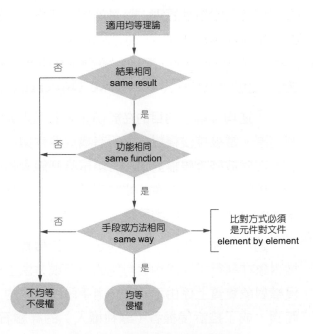

**圖 12-4** 適用均等理論流程圖

註 35：RICHARD T. HOLZMANN, INFRINGEMENT OF THE UNITED STATES PATEN RIGHT at 80.

### 三、專利範圍適用的寬窄

　　法院對於申請專利範圍大小的認定，與發明對於技術的重要性及先趨性有關，愈重要或愈有貢獻的發明均等的範圍愈廣，僅針對某一特定技術改良的發明，其被認定的範圍比較窄小。美國最高法院在一九二三年 Eibel Process Co. v. Minnesota & Ontario Paper Co. 一案[註36] 中對於真正的發現與微小的改進有著不同的看待。最高法院指出，對於實質上促進技術發展的發明，法院會做寬闊的解釋，藉以保障發明人的回報；如果僅是在技巧上的改變與真正發明的邊界上所為的微小進步，即使發明被認可，也只能被授予狹窄的範圍，僅在幾乎是完全的複製時才會判定侵權。

### 四、中國大陸的規定

　　**均等論**中國大陸稱之為「等同理論」，根據中國最高人民法院「關於審理專利糾紛案件適用法律問題的若干規定」第 17 條第 2 款的規定，等同特徵是指與所記載的技術特徵以基本相同的手段，實現基本相同的功能，達到基本相同的效果，並且本領域的普通技術人員無需經過創造性勞動就能夠聯想到的特徵。亦即被控侵權物之構成特徵與申請專利範圍中所記載的技術特徵，必須在手段、功能和效果三個方面都沒有實質性區別，而是簡單的替換或者變換。且其對本領域的普通技術人員而言是顯而易見的。

### 五、逆均等論（**Reverse Doctrine of Equivalents**）

　　「**逆均等論**」的目的在於防止專利權人非法（未經法律授權的）擴張其申請專利範圍。當被控侵權對象之所有構成要件與申請專利範圍之所有構成要件逐一比對後，即使被控訴侵權對象具有申請專利範圍的每一個構成要件，在**全要件原則**之下是很可能構成專利侵害，惟在字面或文義上相符合，未必實質的技術就一定相同，因此就有所謂的「**逆均等論**」原則的產生。

　　適用「**逆均等論**」的前提是被控訴侵權對象已經落入了文義範圍，但若被控侵權對象在執行相同或類似功能的原理或方法上與專利案有實質的不同，亦即若被控侵權對象實質上係由不同的技術手段所完成的，此時的**均等論**反而限制了專利權的範圍，成了控訴侵權者（專利權人）的絆腳石[註37]，被控侵權人可以反向主張應如

---

註 36： Eibel Process Co. v. Minnesota & Ontario Paper Co. 43 S.Ct. 322 U.S. 1923 at 328.

註 37： Where a device is so far changed in principle from a patented article that it performs the same or a similar function in a substantially different way, but nevertheless falls within the literal words of the claim, the doctrine of equivalents may be used to restrict the claim and defeat the patentee's action for infringement. Graver Mfg. Co. v. Linde Co., 339 U.S. 605 (1950)

同**均等論**中技術手段也要實質相同，否則應不構成侵權，「**逆均等論**」的抗辯一旦成立就會被判定為不構成專利侵權。美國聯邦巡迴上訴法院曾於 1985 年在 Sri Int'l v. Matsushita Elec. Corp.,<sup>註 38</sup> 案中肯認北加州地方法院依據「**逆均等論**」判定被告不侵權的判決，但是認為「**逆均等論**」的適用是存有爭議的一個真實和重要的「事實問題」而非「法律問題」，地方法院不得錯誤地以「簡易判決」的方式作出決定。

　　我國的智慧局以「依現行實務操作方式即可防止專利權人任意擴大申請專利範圍之文義範圍，**逆均等論**於美國僅為學理上之應用，實務上並無成立**逆均等論**之案例，且若列入**逆均等論**，反而易使被控侵權人誤用對抗**均等論**或任意引用，引發更多問題，實務上亦難以判斷是否適用」為由，於 105 年 2 月 16 日公布之「專利侵權判斷要點」中，將原 2004 年版「專利侵害鑑定要點」中關於專利侵權判斷流程就文義讀取部分是否適用「**逆均等論**」的步驟刪除。

# 12-9　專利侵權分析流程

　　依我國 105 年公布之專利侵權判斷要點所示之對於發明或新型專利的侵權判斷流程（圖 12-5），可分為下列步驟：(1) 對於申請專利範圍的釐清與解釋，亦即解析請求項的技術特徵。(2) 對被控侵權對象的構成要件分析，亦即解析被控侵權對象之技術內容。(3) 就被控侵權對象與申請專利範圍的請求項進行文義上的比對，若符合文義讀取則構成**文義侵權**；若未落入文義範圍不構成**文義侵權**，則須藉由**均等論**的適用判斷該等未落入文義範圍之構成要件是否均等，若未落入均等範圍不適用**均等論**則不構成侵權。

　　如落入均等範圍適用**均等論**時，則尚需檢視被控侵權人有無主張專利權人於申請過程中已曾有所放棄、或被控侵權人主張其為**實施**先前技術，亦即有無申請過程禁反言的適用或有先前技藝阻卻的適用，如有申請過程禁反言或先前技藝阻卻的適用則不構成侵權；若無主張或有主張但不成立則構成侵權。

　　設計專利侵權之侵權判斷流程（圖 12-6），可分為下列步驟：(1) 對於申請專利範圍的釐清與解釋，亦即確定專利權範圍。(2) 對被控侵權對象的解析。(3) 判斷被控侵權對象與系爭專利之物品是否相同或近似，若判斷結果為不相同亦不近似

---

註 38：Sri International v. Matsushita Electric Corporation of America and Matsushita Electric Industrial Co., Ltd., 775 F.2d 1107 (Fed. Cir. 1985)

者，則未構成侵權。(4) 判斷被控侵權對象與系爭專利之外觀是否相同或近似，若判斷結果為不相同亦不近似者，則未構成侵權。(5) 若物品屬相同或近似且外觀相同或近似，則需再檢視有無申請歷史禁反言或先前技藝阻卻的適用，若有則應判斷被控侵權對象未構成侵權；若被控侵權人沒有主張，或有主張但不成立，則應判斷該相同或近似的物品及外觀之被控侵權對象構成侵權。

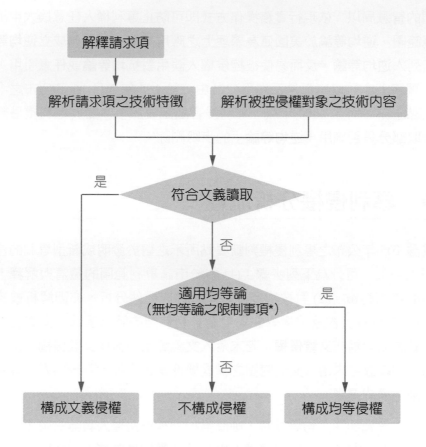

*均等論之限制事項，主要包括「全要件原則」、「申請歷史禁反言」、「先前技術阻卻」及「貢獻原則」。

圖 12-5　我國發明、新型專利侵權判斷流程圖

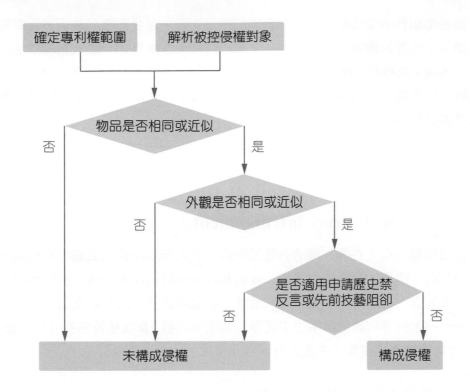

*流程中「物品是否相同或近似」、「外觀是否相同或近似」、「是否適用申請歷史禁反言或先前技藝阻卻」之判斷並無先後順序關係。

**圖 12-6**　我國設計專利侵權判斷流程圖（智慧局專利侵權判斷要點，頁 61）

## 12-10　**直接侵權與間接侵權**

我國專利法第五十八條、第一百二十條及第一百三十六條所規定的侵權行為皆為**直接侵權**行為，所規定者皆為專有排除他人未經其同意而製造、為販賣之要約、販賣、使用或為上述目的而進口該物品、或方法直接製成物品、專利物品之權。設計專利則規定專有排除他人未經其同意而**實施**該設計或近似該設計之權。

然而專利之侵權行為是否僅存在**直接侵權**態樣？倘若業者間將一項專利產品拆解成數個組成部分（零組件），分別交由不同的下游廠商生產，再行組裝後銷售。

這些零組件的製造業者是否要負專利侵權之責？在我國專利法上並沒有關於此類「間接」侵權的規定。但若適用民法第一百八十五條規定：數人共同不法侵害他人之「專利」權利者，連帶負損害賠償責任；不能知其中孰為「侵權」人者，亦同。「教唆」（引誘）人及幫助人，視為共同「侵權」人。似可供為追究**間接侵權**責任的法律依據[註39]。

在美國法上對於專利侵權的態樣，則有較為完整的規範，包括**直接侵權**與**間接侵權**，**間接侵權**又分為幫助侵權與引誘侵權，茲說明如下：

## 一、直接侵權（direct infringement）

**直接侵權**係指：在專利權的有效期間內，他人未經同意而**實施**專利權人的專利權，如製造、銷售、為販賣之要約、使用和為上述目的而進口等。亦即侵權人的**實施**行為（製造、使用某一項技術，或販賣、為販賣之要約某一項產品）之物品或方法被某一特定的專利說明書中的申請專利範圍所涵蓋。**直接侵權**包括：(1)**文義侵權**；(2)適用**均等論**下的侵權（中國大陸稱等同侵權）。

## 二、間接侵權（indirect infringement）

**間接侵權**包括引誘侵權（inducing infringement）與幫助侵權（contributory infringement）美國專利法第271條b款中規定，積極引誘他人侵害專利權者，應負侵權責任。引誘侵權通常係因為出售某些產品或部件造成他人因使用、組合或因為使用上的教示而侵害專利權人之專利權的一種行為，引誘侵權者係產品的銷售人。例如：出售零件以供修理侵權產品；於產品出售時提供可使用於相關未授權專利物品或方法的訊息等。

美國專利法第271條c款中規定，任何人銷售或由外國進口已取得專利權的機器的構件、製品的組合物或化合物，或銷售用於**實施**方法專利權所使用之材料或裝置，且明知該特別製作或特別改造乃係用以侵害該項專利權，也明知上述物品並不是非侵權用途之通用用途之產品者，應負幫助侵權者之責任。

---

註39：我國專利法上對於幫助侵權予**間接侵權**並無明文規定，惟幫助侵權與**間接侵權**屬於共同侵權行為，依我國民法第一百八十五條之規定：「數人共同不法侵害他人之權利者，連帶負損害賠償責任。不能知其中孰為加害者，亦同。造意人及幫助人，視為共同行為人。」故對於產業供應鏈中造成幫助侵害權或**間接侵權**者，專利權人應可依前開法條請求產業供應鏈中共同侵權行為人連帶負損害賠償責任。

幫助侵權則係指故意銷售一個或是多個屬於專利產品中的組成元件，而且那些組成元件僅除了是產生專利產品所構成之專用用途以外，沒有其他非侵權上用途，亦即是所謂的「非通用用途之產品」（nonstaple product），進而促成他人**直接侵權**的一種行為。

## 三、非通用用途的產品（**Nonstaple Product**）

於一九八〇年美國最高法院之 Dawson Chemical Co. v. Rohm and Haas Co.[註40] 一案中所涉及的是一種除草劑（丙烷），被告 Dawson 公司在已知 Rohm and Haas 已獲得除草方法專利後，仍繼續出售除草劑，且在其出售的除草劑及其容器時附有教示使用 Rohm and Haas 專利的說明，最高法院認為，該除草劑除了應用於 Rohm and Haas 專利之外並無其他用途，因此該除草劑為「**非通用用途的產品**」，被告出售該除草劑構成幫助侵權（圖 12-7）。

**圖 12-7**　Rohm and Haas 專利及其除草劑化學式

## 四、直接侵權與間接侵權的關係

依照美國的判例**間接侵權**的成立的前提要件必需證明有**直接侵權**的存在[註41]。構成**間接侵權**的客體（元件）必須是「僅能用於**實施**專利技術的物品」[註42]。

例如：某一特殊形狀之彈簧僅可供某一專利產品自動筆所專用，則該特殊形狀之彈簧的銷售行為，將構成幫助侵權，促成那些未經授權而製造、為販賣之要約、販賣、使用專利產品自動筆者**直接侵權**。惟若是一般彈簧的出售，由於該彈簧具有通用的用途，非僅能使用於專利產品自動筆上，因此不構成幫助侵權。

---

註 40：Dawson Chemical Co. v. Rohm and Haas Co.100 S.Ct. 2601 U.S.Tex., 1980.

註 41：Mercoid Corp. v. Mid-Continent Inv. Co. 64 S.Ct. 268 U.S. 1944. at. 677.

註 42：參見美國專利法第 271 條 C 款及日本專利法第 101 條。

## 12-11　邊境保護措施

　　未取得專利權人授權之物品（侵權物）一旦進入市場，將直接衝擊專利權人相關產品之銷售，進而造成專利權人之損失。

　　一般而言，當專利權人察覺有未授權物品時，該等未授權物品可能已經準備進口至國內進行販售，甚至已經大量進入市場造成市場上的混淆及商機的損失，倘若再依一般民事程序予以起訴求償，往往緩不濟急。因此，設若可以在進入市場前，即於海關將未授權物品予以查扣，將可以更加確保專利權人之合法權益。

　　**邊境保護措施**又稱為擋關，我國於一百零三年三月二十四日增訂海關查扣侵害專利權物之相關**實施**辦法（專利法 97-1 條至 97-4 條），專利權人將可以依法提供擔保金申請查扣、檢視查扣物；當然被查扣人亦可提供反擔保請求廢止查扣，如當被查扣人因裁判確定未侵權亦可申請廢止查扣應備之文件，以避免洩漏被查扣物機密資料。

## 問題與思考

1. 我國專利審查基準認為屬專利侵害的行為有哪些？

2. 物品專利的「實施」包括哪些態樣？

3. 方法專利的「實施」包括哪些態樣？

4. 設計專利的「實施」包括哪些態樣？

5. 專利侵權的要件為何？

6. 我國專利法對於「製造方法的推定」規定為何？

7. 申請專利範圍的「周邊限定」解釋原則為何？

8. 申請專利範圍的「中心限定」解釋原則為何？

9. 申請專利範圍的「折衷限定」解釋原則為何？

10. 依據美國判例一個公平合理的申請專利範圍依序由何認定？

11. 專利侵權比對的基本原則為何？

12. 何謂文義侵權？

13. 何謂全要件原則？

14. 均等論的意義為何？

15. 美國專利法第 271 條對於間接侵權的規定為何？

# Chapter

# *13* 專利侵權抗辯

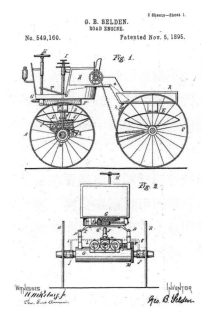

▲ US549160_1879 年 5 月 8 日申請 / 1895 年 11 月 5 日獲准賽爾登三缸汽車專利

---

**學習關鍵字**

# 13-1　申請過程禁反言原則

　　檔案資料（file wrapper）或申請史料（prosecution history）所指的是整個專利的申請檔案及整個專利申請程序中與官方往來的所有檔案資料。由於專利核准公告之後，完整的專利檔案便向大眾公開[註1]，而這些檔案資料通常也成為專利訴訟中重要的佐證資料之一。

　　「禁反言」的意義，簡言之就是「禁止反悔原則」，**申請過程禁反言**原則的意義就是，對於一件專利案在申請過程中，不論是因為受到審查意見的核駁或專利申請人主動的修正，而限縮或放棄了發明的範圍或實施的態樣（既使審查委員的引證案是錯誤的），專利權人不得於事後翻供、反悔而將申請過程中所拋棄的部分重為主張。

　　**申請過程禁反言**的運用，主要在於被控侵權物與申請專利範圍比較後，已落入均等的範圍，被控侵權的一造調閱該專利案的申請檔案資料，對於整個申請過程加以檢視，找出該專利案在申請過程中曾因修正或申覆說明而放棄的部分，凡是於申請過程中不論是專利申請人主動或被動、錯誤或正確地修正限縮了發明或申請專利範圍，專利權人均不得於事後重為主張，也不得主張均等的適用，若被控侵權物正好落入該專利案所放棄的範圍（包括均等的範圍），則有**申請過程禁反言**的適用，既然該部分係專利案所放棄的，被控侵權物當然就不侵權。

　　簡言之，均等論係將申請專利範圍擴張解釋到文義解釋之外的原則，而**申請過程禁反言**則為對手（被控侵權者）限制專利權人主張均等論的武器，而**申請過程禁反言**的使用時機包括於專利侵權判斷為：(1) 文義侵權；(2) 落入均等範圍時適用。

# 13-2　揭露奉獻原則

　　除了在申請過程中與審查委員就可專利性或與先前技術間的差異所做之修正申覆或說明，造成對於一件專利的保護範圍做了限縮，而構成**申請過程禁反言**的適用之外。

---

註1：　我國專利法第四十七條第二項規定：「經公告之專利案，任何人均得申請閱覽、抄錄、攝影或影印其審定書、說明書、申請專利範圍、摘要、圖式及全部檔案資料。但專利專責機關依法應予保密者，不在此限。」

於申請專利時，若於說明書中記載多個實施例，但是在申請專利範圍的請求項中，卻僅記載其中部分的實施例，那些未納入請求項的部分將被視為公共財。

以下舉個例子，美國聯邦巡迴上訴法院於二〇〇二年就 Johnson & Johnson Assocs., Inc. v. R.E. Serv. Co., 一案[註2] 所做出的判決，揭示「**揭露奉獻原則**」（The Disclosure Dedication Rule），指出若專利權人於申請專利時，於說明書揭露發明之特定實施態樣，但卻未將之納入於申請專利範圍之中，則該部分應被視為專利權人放棄取得專利權之發明，而屬於奉獻給社會大眾的公共財產。

在該判決中法院引述 Maxwell v. J. Baker, Inc., 案[註3] 中衡平的考量，認為不應容許專利申請人因為避免遭到專利局的核駁而在申請時限縮申請專利範圍，再於核准後藉由均等論擴大其均等範圍。否則將變相地鼓勵專利申請人於說明書中揭露一個廣泛的範圍，而僅主張一較窄的申請專利範圍以便取得專利，造成日後專利排他權的擴張。

## 13-3　專利侵權的例外

專利制度的設計中對於侵權的例外有所規定，對於下列態樣之行為不視為侵害專利權的行為[註4]。

### 一、科學研究或非出於商業目的之未公開行為

包括以研究或實驗為目的實施發明之必要行為或非出於商業目的之未公開行為，皆不視為侵權行為。此外，發明專利權之效力，亦不及於以取得藥事法所定藥物查驗登記許可或國外藥物上市許可為目的，而從事之研究、試驗及其必要行為（專利法第六十條）。

### 二、先用權

對於在專利申請日之前，對於在國內已經製造出的產品或已經使用的技術若與專利技術相同，或者已經做好實施的必要準備時，仍允許在原有的事業目的範圍內

---

註2：　Johnson & Johnson Assocs., Inc. v. R.E. Serv. Co., 285 F.3d 1046.

註3：　Maxwell v. J. Baker, Inc., 86 F.3d at 1107 citing Genentech, Inc. v. Wellcome Found. Ltd., 29 F.3d 1555, 1564, 31 USPQ2d 1161, 1167 Fed. Cir. 1994.

註4：　我國民國 111 年 05 月 04 日修正公布之專利法第五十九條、第六十條及第六十一條規定參照。

繼續實施，不視為侵權行為。但於專利申請人處得知其發明後未滿十二個月，並經專利申請人聲明保留其專利權者，不在此限。該實施人，限於在其原有事業目的範圍內繼續利用。

## 三、僅由國境經過之交通工具或其裝置

對於臨時由國境經過之交通工具如航空器、船舶本身，若未經同意而使用了他人的專利不視為侵權行為。但在國內製造飛機、船艦若未經同意而使用國內的專利則仍屬侵權行為。

## 四、善意實施

善意實施之容許主要是基於信賴保護原則，就公眾對公告資料的信任在專利權利回復前之善意實施行為給予保護。其型態有兩種，其一是非專利申請權人所得專利權，因專利權人舉發而撤銷時，其被授權人在舉發前，已善意在國內實施或已完成必須之準備者，該行為不視為侵權。其二則是專利權如因專利權人逾期未繳年費而消滅，此時若有善意第三人相信該專利已經消滅而實施該專利或已完成必要之準備者，既使該專利權事後經專利權人補繳年費而回復該專利權之效力，基於前述信賴保護原則，在該專利權消滅至回復權利期間該善意第三人的前述行為不視為侵權行為，惟該等善意第三人如欲繼續實施則限於在其原有事業目的範圍內。此外，混合二種以上醫藥品而製造之醫藥品或方法，其發明專利權效力不及於依醫師處方箋調劑之行為及所調劑之醫藥品（專利法第六十一條）。

## 五、首次銷售理論或權利耗盡原則

所謂權利耗盡，係指專利權利耗盡，即專利權人在銷售某專利物品後，就喪失了對該專利物品之控制權。

原則上如果專利產品係專利權人自己製造，或製造、使用行為係經由專利權人所授權者，該專利產品經銷售後，其專利權利已經專利權人所行使，銷售行為的本身已經由契約的形式默示地將權利授權與買受人，其後的使用及再銷售行為皆不受原專利權人所支配，因此不視為侵權行為。

專利**權利耗盡原則**並不一定對所有的銷售行為全然適用，例如：在美國 B. Braun Medical, Inc. v. Abbott Laboratories 案[註5] 中法院指出，如果授權的對價僅能反

---

註5： B. Braun Medical, Inc. v. Abbott Laboratories 124 F.3d 1419 C.A.Fed. Pa., 1997 at 1426.

映「使用權」時，當專利權人在授權契約中，對於再銷售設有限制時，則專利**權利耗盡原則**就不適用[註6]。

專利**權利耗盡原則**又與**默示授權**有關，當專利權人與他人交互授權後，對於他人之委託製造商在裝置或設備項之申請專利範圍有**默示授權**的適用，但方法項則未必有**默示授權**的適用[註7]。

## 六、中國大陸的規定

中國大陸對於不視為侵害專利權的規定除了科學研究、先用權、僅由國境經過之交通工具或其裝置及**權利耗盡原則**等類似規定外，於其專利法第七十七條另規定：「為生產經營目的使用或者銷售不知道是未經專利權人許可而製造並售出的專利產品或者依照專利方法直接獲得的產品，能證明其產品合法來源的，不承擔賠償責任。」亦即規定侵權的要件尚包括：(1) 以營利為目的（為生產經營目的使用或者銷售）；(2) 明知。

若侵權人非以營利為目的之使用則不侵權；又若以營利為目的之侵權人不知道其所出售之產品是未經專利權人許可而製造並售出的專利產品或者依照專利方法直接獲得的產品，只要其能證明其產品合法來源者，亦為專利權效力所不及。

## 13-4　專利侵權之一般抗辯

在專利侵權訴訟除了**怠忽行使權利**及**默示授權**可以阻卻過去已經侵權的豁免之外，被控侵權人所通常採用的抗辯理由及順序，包括以下列幾項。

## 一、訴訟資格的抗辯

原告與訴訟標的具有法律上的利害關係是訴訟得以成立的前提，因此專利侵權訴訟中首先應對原告是否擁有專利權加以檢視。我國專利法規定：發明專利權人以其發明專利權讓與、信託、授權他人實施或設定質權，非經向專利專責機關登記，不得對抗第三人。只有那些有權控制專利權的權利人或被授權人才有權提起專利侵權訴訟，包括自己實施專利技術時的專利權人、專屬授權中的被授權人、非專屬授權中的被授權人和專利權人。

---

註6：　惟對價的條件必須合於公平，否則將可能造成專利濫用。

註7：　Bandag, Inc. v. Al Bolser's Tire Stores, Inc. 750 F.2d 903 C.A.Fed.,1984. at 924.

## 二、專利權效力所不及的抗辯

我國專利法第五十九條規定了專利權所不及的各種情形：(1) 非出於商業目的之未公開行為；(2) 以研究或實驗目的的非營利使用；(3) 先用權或已知技術的使用；(4) 臨時過境；(5) 善意使用；和 (6) 權利耗盡。其中先用權原則要求技術是在專利權申請日前合法取得並只能在原有範圍內使用。善意使用限於非專利申請權人所得專利權，因專利權人舉發而撤銷時，其被授權人在舉發前以善意在國內使用或已完成必須之準備者。

## 三、專利無效抗辯

對於專利侵權的抗辯中，最為釜底抽薪的方法就是直接挑戰專利權的有效性，因為有效的權利是訴訟的前提。由於新型專利權的授予不做實質審查，發明專利權的授予雖經實質審查，但也難保沒有任何疏漏，專利無效的抗辯為專利侵權訴訟中最常用的抗辯事由。在我國專利無效的程式係經由向專利專責機關經濟部智慧局提出舉發申請案，由專利三組審查確定專利權的有效性。一般法院受理侵權案件後通常會待舉發案件確定[註8]後再為判決[註9]。惟自我國智慧財產案件審理法頒布施行後，則一改可以暫停審理之慣例。智慧財產案件審理法第十六條即規定：「當事人主張或抗辯智慧財產權有應撤銷、廢止之原因者，法院應就其主張或抗辯有無理由自為判斷，不適用民事訴訟法、行政訴訟法、商標法、專利法、植物品種及種苗法或其他法律有關停止訴訟程序之規定。」

## 四、未侵權抗辯

若在前述抗辯理由均不能適用時，被控侵權人則需比對被控侵權物技術特徵是否落入申請專利範圍，被控侵權人通常以取得「不侵權」的法律意見書或鑑定報告作為未侵權抗辯的依據。至於是否落入專利權範圍，則需根據專利侵權分析流程逐一的就專利權範圍進行解釋，再根據專利侵權判斷要點判斷被控侵權對象是否符合文義讀取、有無均等論的適用及申請歷史禁反言等限制事項等等做出結論，並於法庭上進行攻防，法院通常會審酌兩造所提供的鑑定報告或侵權比對分析表的內容，在經過言詞辯論及爭點的釐清後產生心證，做出最後決定。

---

註8： 撤銷確定：指專利案件遭舉發成立而未提起行政救濟者。經提起行政救濟經駁回確定者。專利權經撤銷確定者，其專利權視為自始不存在。

註9： 我國九十三年七月一日施行之專利法第九十條曾規定：「關於發明專利權之民事訴訟，在申請案、舉發案、撤銷案確定前，得停止審判。法院依前項規定裁定停止審判時，應注意舉發案提出之正當性。舉發案涉及侵權訴訟案件之審理者，專利專責機關得優先審查。」

# 13-5　專利侵權的特殊抗辯之一──怠忽行使權利

　　權利人於法定期間內不行使權利,即喪失向法院依法保護其權利的法律效果稱訴訟時效,當有侵權事實發生時,專利權人若知曉而仍任侵權行為繼續發生,超過一定期間者專利權人請求賠償損害的權利即消滅,如果專利權人不知,但專利侵權行為已逾一段長時間者專利權人請求賠償損害的權利(訴訟時效)也隨之消滅。

## 一、我國的規定

　　我國專利法第九十六條第一項規定:「發明專利權人對於侵害其專利權者,得請求除去之。有侵有侵害之虞者,得請求防止之。」同條第六項規定:「……第二項及前項所定之請求權,自請求權人知有損害及賠償義務人時起,二年間不行使而消滅;自行為時起,逾十年者,亦同。」此一規定也就是民法訴訟所謂的消滅時效,當專利權人「知情」開始「兩年」內不行使權利,就等於免費提供技術讓他人使用,且不得再向侵權人請求損害賠償。又不論專利權人是否知曉有人侵權,侵權行為若超過「十年」專利權人都沒有採取任何法律行動時,亦產生免費提供技術讓他人使用的相同後果。

## 二、中國大陸的規定

　　根據中國大陸專利法第七十四條規定,侵犯專利權的訴訟時效為三年,自專利權人或者利害關係人知道或者應當知道侵權行為以及侵權人之日起計算。發明專利申請公布後至專利權授予前使用該發明未支付適當使用費的,專利權人要求支付使用費的訴訟時效為三年,自專利權人知道或者應當知道他人使用其發明之日起計算,但是,專利權人於專利權授予之日前即已知道或者應當知道的,自專利權授予之日起計算。

　　「最高人民法院關於審理專利糾紛案件適用法律問題的若干規定」第十七條侵犯專利權的訴訟效為三年,自專利權人或者利害關係人知道或者應當知道權利受到損害以及義務人之日起計算。權利人超過三年起訴的,如果侵權行為在起訴時仍在繼續,在該項專利權有效期內,人民法院應當判決被告停止侵權行為,侵權損害賠償數額應當自權利人向人民法院起訴之日起向前推算三年計算。

亦即只要其符合：(1) 侵權行為在起訴時仍在繼續；(2) 在該項專利權仍在有效期限內，人民法院仍應當判決被告停止侵權行為；仍受到保護。而在確定賠償數額方面，應當自權利人向人民法院起訴之日起向前推算三年計算。

## 三、美國之規定

美國專利第二百八十六條第一項規定：「除法律另有規定外，對於提起侵害之訴或其反訴前六年以上之侵權損害，不得請求賠償[註10]。」亦即專利權人知悉其專利受到侵害經過六年的怠惰（lashes）行使者，被控侵權者可以據此主張權利怠惰的抗辯，怠惰若有正當理由則舉證責任在專利權人一方。若抗辯成功，則被控侵權人不須就提起侵權訴訟前之侵權行為賠償。但對於提起訴訟之後的侵權行為仍負有賠償之責。

## 13-6　專利侵權的特殊抗辯之二──默示授權

除怠惰行使權利的抗辯之外，在美國的侵權訴訟實務上尚有所謂「衡平禁反言」（equitable estoppels）的**默示授權**，衡平禁反言的**默示授權**抗辯係一對於專利侵權主張時的積極抗辯／阻卻違法事由（affirmative defense）。亦即，當專利權人知悉可能有侵害專利的情形存在時，卻遲遲不主張權利，導致專利侵權者以為專利權人無意主張其權利或採取法律行動，直到一段時日之後專利權人採取法律行動主張權利時，專利侵權者因為事態擴大而將導致重大損失時所可以提出的一種抗辯。

在 A.C. Aukerman Co. v. R.L. Chaides Constr. Co. 案[註11] 中法院認定提起衡平禁反言的**默示授權**為抗辯的三項要件包括：(1) 專利權人經由令人誤解的行為或陳述，讓專利侵權者誤以為不會被提起侵權訴訟；(2) 基於被控侵權人的信賴；(3) 基於該信賴，如果允許專利權人繼續主張其權利，對侵權一方會造成重大的損失。

衡平禁反言的**默示授權**抗辯取決於專利權人造成令人誤解的行為或陳述，導致被控侵權人合理的相信專利權人不會實施其專利權，此一抗辯與美國專利法第二百八十六條第一項的差異係衡平禁反言的**默示授權**抗辯並無期間上的限制。如果專利權人沒有理由地沉默，將被視為放棄其專利權的主張，因此法院將可能認為被告沒有惡意侵權，而且有懈怠和禁反言的適用。

註 10：35 U.S.C. 286 Time limitation on damages.
註 11：A.C. Aukerman Co. v. R.L. Chaides Constr. Co., 960 F.2d 1020, C.A.Fed. Cal, 1992.

以下分享一個案例，在 Wang Laboratories, Inc. v. Mitsubishi Electronics America, Inc. 一案[註12]，參與標準制定組織的成員之一的王安電腦，為了將自己的專利技術能被標準制定組織所採用，積極地致力於將兩件自己申請中的專利成為提議中的技術標準，且該兩件專利涵蓋了日後被推行的單一同軸記憶模組[註13]（SIMM）技術標準。

根據紀錄顯示，在長達六年的時間內王安電腦曾試圖要求東芝加入單一同軸記憶模組的市場，且王安電腦提供設計、建議及樣品給東芝，並且向東芝購買單一同軸記憶模組產品。法院認為被告東芝足以合理地推論已獲得王安電腦同意製造和銷售有關王安電腦專利的產品。因此上訴法院判定東芝已經取得了實施王安電腦專利的權利。

根據事實的發現，王安電腦已賦予東芝使用單一同軸記憶模組專利的權利，而東芝對王安電腦也已提供了具有價值的對待給付，如東芝未收取王安電腦訂作的設計費用，東芝因對王安電腦的信賴而得以大量製造降低售價，擴大市場占有率，這些事實足以支持王安電腦的行為已構成授權。上訴法院綜合包括王安電腦致力於推動單一同軸記憶模組成為一種技術標準、東芝的加入市場符合王安電腦的利益等所有的考量，認為東芝**默示授權**的抗辯成立。因此，本案專利權人行使其專利權時，被法院以**默示授權**所阻卻。

## 13-7　專利侵權的特殊抗辯之三──專利權濫用

**專利權濫用**的抗辯係一由習慣法所衍生出的原則，**專利權濫用**的抗辯為另一個對於專利侵權主張時的積極抗辯（阻卻違法事由）。其目的是在限制專利權人不當擴張其專利的壟斷權力。換言之，專利權人並非被授與利用超出法定以外的專利權利去獲得經濟上的利益[註14]。

例如：專利權人利用自己所有的專利權，讓他人在獲得專利授權的同時購買或使用非專利產品，從而獲得專利權以外的市場壟斷權；或產品專利權人要求購買者同時向自己購買非專利產品，方法專利權人要求使用人必須向自己購買非專利產品等，皆屬**專利權濫用**。

---

註12：Wang Laboratories, Inc. v. Mitsubishi Electronics America, Inc. 103 F.3d 1571 C.A.Fed. Cal., 1997.

註13：Single In-Line Memory Module 簡稱 SIMM。

註14：See Mallinckrodt, Inc. v. Medipart, Inc., 976 F.2d 700, C.A.Fed. Ill, 1992. at 704.

**專利權濫用**的抗辯是來自於「衡平法」（Equity）的「**不潔之手**」（Unclear Hand）的理論，亦即在訴訟中主張權利者必須本身的行為無瑕疵，如果權利人本身已有違法行為，則無權主張他人行為的違法性，衡平法院對於用以獲取不公平競爭優勢之專利權，就不應給於支持或不予以執行[註15]。在**專利權濫用**的案例中，該專利將被判定為「不可執行」（Unenforceable），且專利權人在濫用期間所受侵害的損失無權請求補償。也就是說，法院不予專利權人救濟直到專利權人「淨化」（Purge）濫用的行為[註16]。一旦專利權人「淨化」其濫用，專利權人的權利將從「淨化」時開始恢復[註17]。

有關**專利權濫用**的概念可溯至一九一七年美國最高法院 Motion Picture Patents Co. v. Universal Film Mfg. Co. 案[註18]，該案所涉及的是投射式電影放映機專利（圖13-1），專利權人欲藉由投射式電影放映機專利權之壟斷範圍延伸至該投射式電影放映機所使用的軟片（非專利品），被法院認為這種「搭售行為」（Tie-In）是違法的[註19]。

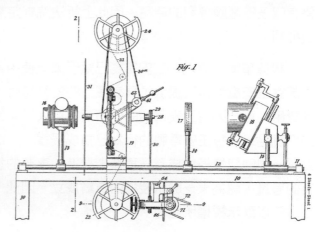

**圖 13-1** 投射式電影放映機專利

**專利權濫用**的例子在過去的美國案例中包括有：(1) 搭售協議或為了獲得專利物品的授權而被要求購買非專利的產品[註20]；(2) 包裹式授權或必須接受其他非專利產品的授權之條件始得取得授權[註21]；(3) 以銷售總額為索取權利金的基礎而非僅以專利產品為基礎[註22]；(4) 在專利期限屆滿後仍收取權利金[註23]；(5) 當專利權人在相

---

註 15：See Carter Wallace, Inc. v. United States, 449 F.2d 1374, Ct.Cl., 1971. at 1377.

註 16：C.R. Bard, Inc. v. M3 Sys., Inc., 157 F.3d 1340, C.A.Fed. Ill., 1998. at 1372.

註 17：Morton Salt Co. v. G. S. Suppiger Co. 62 S.Ct. 402 U.S. 1942. at 493.

註 18：Motion Picture Patents Co. v. Universal Film Mfg. Co. 37 S.Ct. 416 U.S. 1917.

註 19：該案於 1917 年判決時尚未提出搭售一詞，在日後判決中引用該案時始提出搭售用語，如 Tricom, Inc. v. Electronic Data Systems Corp. 902 F.Supp. 741 E.D.Mich., 1995. at 745.

註 20：Senza-Gel Corp. v. Seiffhart, 803 F.2d 661,C.A.Fed., 1986. at 668.

註 21：Monsanto Co. v. McFarling 363 F.3d 1336 C.A.Fed. Mo., 2004. at 1341-1342.

註 22：Engel Indus., Inc. v. Lockformer Co., 96 F.3d 1398, C.A.Fed. Mo., 1996. at 1408.

註 23：A.C. Aukerman Co. v. R.L. Chaides Constr. Co., 29 U.S.P.Q.2d 1054, N.D.Cal.

關市場具有獨占地位時拒絕授權[註24]；(6) 固定專利產品的轉售價格[註25]；(7) 以禁止製造或銷售競爭性產品為取的專利物品授權的條件[註26]；(8) 重複收取權利金[註27]。

## 13-8　迴避設計

除了專利侵權的積極抗辯之外，若被控侵權的產品若入申請專利範圍之中侵權可能性極高時，在評估產品的獲利與權利金的數額後，如果仍繼續生產，則應尋找替代技術或是以**迴避設計**的方式避免侵害。

**迴避設計**的意義就是找出與既有專利範圍所不及的技術範疇另行創新或設計，而且可達到相同或類似的功能者。

通常**迴避設計**的方法有：(1) 構件數量的減少；(2) 相對關係的改變；(3) 習知技術的利用；(4) 不同領域技術的運用。

**迴避設計**的步驟係先就說明書及申請專利範圍進行解讀，將限制條件逐一列出，分析說明書中已經拋棄或申請專利範圍所未涵蓋的技術範疇。再運用上述**迴避設計**的方法，規劃出一個可以達到相同或類似的功能而又不侵權的設計或方法。

**迴避設計**的結果除了不侵害既有的專利之外，創新的設計或方法甚至可以取得另一項專利權。**迴避設計**的另一項功能係檢視申請專利範圍的寬廣度與周密性，一項「完美」的申請專利範圍則是沒有**迴避設計**的空間。

然而，專利之**迴避設計**並非解決專利障礙的萬靈丹，於**迴避設計**時，不論是機構的變更設計、使用替代元件或重要電子電路的更替，往往尚需考慮工程上實際可行性及成本的因素。例如：雖然某一爭議的積體電路（IC）已經**迴避設計**，在法律上不會侵權，但並不表示可以立刻成為新的替代料，實務上仍需經過研發單位的驗證、測試、配合線路的變更等複雜的工程確認後始得成為新的替代料。又或是**迴避設計**後的成本大於取得授權的成本，將使**迴避設計**失去意義。

以下為三件**迴避設計**與專利範圍改寫實例。

---

註 24：Eastman Kodak Co. v. Image Technical Serv., Inc., 112 S.Ct.2072, U.S.Cal., 1992.

註 25：Bauer & Cie v. O'Donnell, 33 S.Ct. 616, U.S. 1913 at 619-620.

註 26：Keystone Retaining Wall Systems, Inc., v. Westrock, Inc. 792 F.Supp. 1552, D.Or., 1991., aff'd, 997 F.2d 1444, C.A.Fed.Or., 1993. at 1559.

註 27：PSC Inc. v. Symbol Technologies, Inc. 26 F.Supp.2d 505, W.D.N.Y., 1998. at 512.

**實際案例 01**

### ▌專利名稱

　　可結合於筆記型電腦液晶顯示器殼體背板之模組單元結構（圖 13-2）。

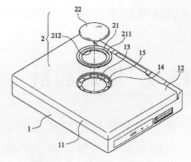

**圖 13-2　實例一圖示**

### ▌申請專利範圍

　　一種可結合於筆記型電腦液晶顯示器殼體背板之模組單元結構，其係在一筆記型電腦之液晶顯示器殼體背板表面預設有至少一鏤空區域，用以結合一模組單元，該模組單元之結構包括有：一銘板固定座；一定位結構，用以將該銘板固定座結合在該筆記型電腦之液晶顯示器殼體背板之預設鏤空區域中；一銘板，可結合定位在該銘板固定座上。

　　本創作主要係在於筆記型電腦液晶顯示器殼體背板處開設有一鏤空區域，於該鏤空區域可以結合另一模組單元，該模組單元可以是一銘板模組或一音效模組（申請專利範圍第十項及其附屬項）。就本案的申請專利範圍第一項而言，必要構件包括有（圖 13-3）：(1) 液晶顯示器殼體背板表面預設一鏤空區域；(2) 一銘板固定座 21；(3)

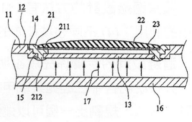

**圖 13-3**

一定位結構（用以將該銘板固定座結合在筆記型電腦之液晶顯示器殼體背板之預設鏤空區域中，於元件符號之說明中未說明，按其說明中所述係指「該液晶顯示器 11 之殼體背板 12 之鏤空區域 13 之各個貫孔 15、配合該銘板固定座 21 之各個定位柱 212 即構成了該銘板固定座 21 與液晶顯示器 11 之殼體背板 12 之鏤空區域 13 間之定位結構」）；(4) 一銘板 22（結合定位於銘板固定座上）。

### ▌迴避設計

　　本案件特殊之處在於構成要件 (3) 之「定位結構」，該「定位結構」未被明確定義，也未加以標號。依照我國專利法第一百零六條第二項規定，發明專利權範圍，以說明書所載之申請專利範圍為準，於解釋申請專利範圍時，並得審酌發明說明及圖式。因此，本案之申請專利範圍的必要構件為（圖 13-4）：(1) 液晶顯示器殼體背板表面預設一鏤空區域；(2) 一銘板固定座 21；(3) 鏤空區域 13 之各個貫孔 15 及銘板

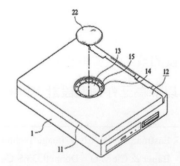

**圖 13-4　實例一迴避設計**

固定座 21 之各個定位柱 212 所構成之定位結構；(4) 一結合定位於銘板固定座上之銘板 22。

　　若以減少必要構件的方式迴避設計，可以發現在相同的目的、功效的要求下，銘板固定座 21 似可省略，如右圖所示。因此該案專利範圍所不及者包括：(1) 將銘板固定座 21 刪除後，銘板 22 直接黏貼或固定於液晶顯示器殼體背板表面所預設之鏤空區域。(2) 若為了加強定位功能防止圓形銘板的轉動，則可在圓形銘板下方設有凸柱或凹孔，而於液晶顯示器殼體背板表面所預設之鏤空區域則設有相對的凹孔或凸柱將以嵌合定位。

## ▌申請專利範圍的改寫方向

1. 一種可結合於筆記型電腦液晶顯示器殼體背板之外接結構，其係在一筆記型電腦之液晶顯示器殼體背板表面預設有至少一鏤空區域，用以結合一外接單元，該外接單元係一銘板，該銘板可結合定位在該鏤空區域上。

2. 如申請專利範圍第 1 項所述之可結合於筆記型電腦液晶顯示器殼體背板之外接結構，其中該鏤空區域與該銘板間更設有一銘板固定座。

3. 如申請專利範圍第 2 項所述之可結合於筆記型電腦液晶顯示器殼體背板之外接結構，其中該銘板固定座設有定位柱，該鏤空區域設有相對之定位孔以供銘板固定座定位固定之用。

**實際案例 02**

### 專利名稱

可防止主機板誤接裝置之針腳連接器（圖 13-5）。

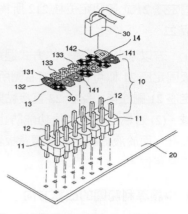

**圖 13-5　實例二圖示**

### 申請專利範圍

1. 一種可防止主機板誤接裝置之針腳連接器，係包括：一座體；若干針腳，係凸設於該座體上以供裝置連接之利用；一片體，係具有一結合面以結合於該座體、及一識別面係背對於該結合面，且該片體上並設有若干穿孔以供穿經該針腳；以及該識別面係具有複數個色塊，各色塊顏色相異，且位於同一色塊之針腳係供連接於同一裝置。

2. 一種可防止主機板誤接裝置之針腳連接器，包括一座體及若干針腳，該針腳係凸設於該座體上以供裝置連接之利用，其特徵在於：該座體之表面係直接印製一識別面，該識別面具有若干個色塊，各色塊顏色相異，且位於同一色塊之針腳係供連接於同一裝置。

### 分析

本創作主要係於針腳連接器座體的表面結合一有色片體，且於該有色片體的各個色塊間係呈現不同的顏色，以防止針腳與主機板上其他裝置的誤接。就本案的申請專利範圍第一項而言，必要構件包括 (1) 設有若干針腳 12 的座體 11；(2) 具有一結合面以結合於座體、及一識別面係背對於結合面，且設有若干穿孔以供穿經該針腳 12 的一片體 13；(3) 識別面 14 係具有複數個色塊；(4) 識別面 14 的各色塊顏色相異；(5) 識別面 14 位於同一色塊之針腳係供連接於同一裝置。

就本案的申請專利範圍第二項而言，必要構件包括：(1) 一座體 11 及若干針腳，該針腳係凸設於該座體上以供裝置連接之利用；(2) 一識別面係直接印製於座體 11 之表面；(3) 識別面 14 具有若干個色塊；(4) 識別面 14 的各色塊顏色相異；(5) 識別面 14 位於同一色塊之針腳係供連接於同一裝置。

### 迴避設計

本案在申請專利範圍的設計上，第一項與申請專利範圍第二項的差異主要係在於必要構件 (2)，第一項是保護一種識別面的貼設方式，第二項是保護一種識別面的印刷方式。惟各構成要件中出現一些「自我限制」的條件，例如：構成要件 (4) 識別面 14 的各色塊顏色相異及 (5) 識別面 14 位於同一色塊之針腳係供連接於同一裝置。亦

即在識別面 14 的各色塊顏色一旦出現相同即與申請專利範圍不同。因此只要以相同顏色不同花紋的色塊組合，即可達成相同防誤接之功效又可迴避其專利範圍。

### ▌ 申請專利範圍的改寫方向

1. 一種可防止主機板誤接裝置之針腳連接器，係包括：一座體；若干針腳，係凸設於該座體上以供裝置連接之利用；該座體之表面形成有複數個花紋色塊，各色塊間可以為互異的花紋。

2. 如申請專利範圍第 1 項所述之可防止主機板誤接裝置之針腳連接器，其中該複數個色塊係以貼設方式，貼設於該座體之上表面。

3. 如申請專利範圍第 1 項所述之可防止主機板誤接裝置之針腳連接器，其中該複數個色塊係以印刷方式，印刷於該座體之上表面。

## 實際案例 **03**

### ▌專利名稱

一種可防震之筆記型電腦（圖 13-6）。

### ▌申請專利範圍

一種可防震之筆記型電腦，由一顯示器和一電腦本體所構成，其中該電腦本體內可放置至少一可抽取元件，且其更包括：一外殼；一防震架，以可拆離的方式設置於該外殼內，且其內可設置該等可抽取元件；以及複數個彈片，設置於該防震架上。

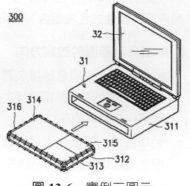

**圖 13-6** 實例三圖示

### ▌分析

本案係提供一可防震之筆記型電腦，其藉由在例如：VCD、軟碟機等可抽取元件的架子上增設彈片，以在筆記型電腦內部進行防震處理，且可增加筆記型電腦內部元件的防震效果。本案之構成要件包括：(1) 一顯示器；(2) 一電腦本體；(3) 至少一可抽取元件；(4) 一外殼；(5) 一防震架，以可拆離的方式設置於該外殼內，且其內可設置該等可抽取元件；(6) 複數個彈片，設置於該防震架上。其中由於標的限制本案係是一種筆記型電腦，因此限制條件包括了顯示器，其範圍不及於桌上型電腦及伺服器等。

### ▌迴避設計

1. 構成要件的減少，將構成要件 (6) 複數個彈片變更設計為單一個彈片。

2. 相對關係的改變，將構成要件 (6) 複數個彈片設置於電腦本體內側。

### ▌申請專利範圍的改寫方向

一種可防震之筆記型電腦，由一顯示器和一電腦本體所構成，其中該電腦本體內可放置至少一可抽取元件，且其更包括：一外殼；一防震架，以可拆離的方式設置於該外殼內，且其內可設置該等可抽取元件；以及一個或一個以上的彈片，設置於該防震架或電腦本體內側。

## 問題與思考

1. 申請過程禁反言原則的意義為何？

2. 何謂揭露奉獻原則？

3. 除了個人非營利使用專利可能有專利侵權的豁免之外，專利制度的設計中尚有哪些行為屬侵權的例外事由？

4. 專利侵權之一般抗辯有哪些？

5. 我國專利法關於專利權行使的時效消滅之規定為何？

6. 在美國專利權人若被判專利權濫用其法律效果為何？

7. 試舉出五個專利權濫用的例子。

8. 迴避設計的方法有哪些？

# Chapter

# *14* 專利權的行使

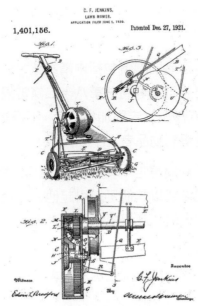

▲ US1401156_1921 年獲准的割草機專利

---

**學習關鍵字**

| | |
|---|---|
| ▪ 違法的警告行為　192 | ▪ 假扣押　　　　198 |
| ▪ 假處分　　　　　198 | ▪ 反擔保　　　　199 |

## 14-1　專利號數的標示

專利案自提出申請至核准的過程會陸續產生申請號、公開號、公告號及證書號，專利權人合法的標示專利號數將產生公示的效果，於訴訟時可推定侵權人具故意或過失的主觀要件。

### 一、我國的規定

專利一經核准，該專利案件所具有意義的編號包括申請案號、公告號數、公開號及證書號等。我國九十三年七月一日施行之專利法第八十二條曾規定專利權人應在專利產品或其包裝上標示專利「證書號數」，未附加標示者，不得請求損害賠償。但侵權人明知或事實足證其可得而知為專利物品者，不在此限。

一百零二年施行之專利法第九十八條則規定：「專利物上應標示專利證書號數；不能於專利物上標示者，得於標籤、包裝或以其他足以引起他人認識之顯著方式標示之；其未附加標示者，於請求損害賠償時，應舉證證明侵害人明知或可得而知為專利物。」

對於舉發中案件，因已取得專利證書，仍可附加專利證書號數，惟一旦舉發成立且撤銷確定後則不得為之。

專利號數標示原則上屬於專利權人的權利，其意義在於公示該產品具有專利權，擁有法律所受與之排他權，可以提高產品的競爭力與鑑別性，一旦發生專利侵權，專利權人因標示而免除舉證責任。

### 二、中國大陸的規定

中國大陸專利法第十六條第二款：「專利權人有權在其專利產品或者該產品的包裝上標明專利標識。」又根據「國家知識產權局局長令（第 29 號）」有關「專利標記和專利號標注方式的規定」第四條：「標注專利標記和專利號的，應當標明下述內容：（一）採用中文標注專利權的類別，例如：中國發明專利、中國實用新型專利、中國外觀設計專利；（二）國家知識產權局授予專利權的專利號，其中"ZL"表示「專利」，第一、二位元數位表示提交專利申請的年代，第三位元數位表示專利類別，第四位以後為流水號和電腦校驗位元。除上述內容之外，標注者可以附加其他文字、圖形標記，但附加的文字、圖形標記及其標注方式不得誤導公

眾。」由以上規定可以看出所稱之「專利號」並不明確，但是在實務上專利號應該是向中國大陸國家知識產權局申請專利時之「申請案號」。

## 三、美國的規定

美國專利法第 287 條[1]規定專利權人及為其工作或依其指示於美國境內製造、為販賣之要約或銷售專利產品，或將專利產品輸入美國境內者，可於其產品附上連同專利（patent）或其縮寫（PAT）之字樣及「專利號碼」[2]（The Number of The Patent）；如因產品之性質不能附上前述字樣時，可以將含有該字樣之標籤貼在產品上，或貼在產品之包裝上，以告示社會大眾。

如未為上述標示，專利權人不得於侵害訴訟請求損害賠償。但如能證明侵權者已受侵害之通知且繼續其侵害行為，則僅限於通知後繼續侵害部分可以請求損害賠償。侵害訴訟之提起，視為侵害通知。

## 14-2　適法的警告行為

一項技術取得法律上的排他權利的目的，對於企業而言無非是想藉以獨占市場、防止仿冒；對個人發明人而言，則想藉此將專利技術出售或授權獲取發明創新的對價。

## 一、警告

如果發現市場上出現仿冒現象，為了保護法律所授予的權利專利權人通常會先寄發警告（敬告）信函，然而這樣的警告（敬告）行為並非毫無限制。

智慧財產權的侵權行為從理論上而言是一種絕對的損害，因而應當承認對這種（侵權）行為的不作為請求權。此種請求權的成立一般有不法侵權行為的客觀存在和有權利被侵害的現實危險兩種，或者同一加害人對同一權力反覆或繼續侵害的危險[3]。此種請求權的成立的條件不考慮行為人的主觀要件，對於法院而言，只要智慧財產權人證明被告實施了不法行為，即應支持其不作為請求權。

---

註 1：　35 U.S.C. 287 Limitation on damages and other remedies; marking and notice.
註 2：　美國專利之專利號碼所指為專利公告右上角之號數如 6024700。
註 3：　史尚寬，《民法總論》，1986。

又侵權行為是一種事實行為，不以意識表示為構成要件，只要符合法定事實要件而成立，其法律效果則係依賴於法律的直接規定。智慧財產權的侵權行為亦是如此。智慧財產權的侵權行為一般態樣為未經權利人同意也沒有法律的特別授權依據而使用、利用或實施（如特許實施），特別是營利性地使用他人智慧財產的行為。而停止侵害的請求是即時制止智慧財產權的侵權行為維護權利人權利型態的重要救濟措施。當智慧財產權受到侵害時，權利人即可請求侵權人停止侵害或請求法院責令侵權人停止侵害。

對於專利權人而言，當發生侵權行為時，請求侵權人停止侵害的通常處理程序，係以寄發警告信函或類似行為之先行通知以期達到制止的效果，亦或有直接警告或干擾者，然其適法性尚應考慮，否則不僅權利難能及時獲得保護，若屬違法行為，還可能受到處罰及負損害賠償責任。

## 二、違法的警告行為

以下案例為我國最高行政法院認定為逾越智慧財產權權利正當行使範圍之相關判決，約有六類，認為此六類警告行為足以影響交易秩序顯失公平，違反當時之公平交易法第二十四條規定[註4]。

1. 在未取得公正客觀鑑定之肯定結論前，或未獲得法院判決認定有專利侵害情事，即以發布新聞稿之方式對外散布的行為[註5]。

2. 未經權責機關認定前，藉口保護專利權為由，至他事業經銷商之銷售現場加以現場干擾的行為[註6]。

3. 對競爭事業之對手是否侵害其專利權，在未取得公正客觀專利侵害鑑定之肯定結論，亦未獲法院判決有專利侵害情事，即對競爭事業之交易相對人寄發專利侵害警告信函的行為[註7]。

---

註4： 公平交易法第二十四條（其他欺罔或顯失公平行為）：係補充例示之外用以規範其他足以影響交易秩序之欺罔或顯失公平之行為。公平交易法第四十一條係對違反第二十四條規定之處罰。公平交易法第四十一條：「公平交易委員會對於違反本法規之事業，得限期命其停止、改正其行為或採取必要更正措施，並得處新臺幣五萬元以上二千五百萬元以下罰鍰；逾期仍不停止、改正其行為或未採取必要更正措施者，得繼續限期命其停止、改正其行為或採取必要更正措施，並按次連續處新臺幣十萬元以上五千萬元以下罰鍰，至停止、改正其行為或採取必要更正措施為止。」

註5： 最高行政法院 90 年度判字第 693 號判決。

註6： 最高行政法院 90 年度判字第 653 號判決。

註7： 最高行政法院 89 年度判字第 3422 號判決。

4. 宣傳單僅以專利名稱說明專利權範圍，並未載明侵害主體及對象，而影射其他與該專利名稱相關之產品可能有仿冒之嫌的行為[註8]。

5. 假藉執行命令之名義，引人誤認關係人已遭法院判決有侵害專利之情事的行為[註9]。

6. 以未附相關附件以資佐證之副本方式寄發警告函，即未敘明專利權範圍、內容及具體侵害事實，使交易相對人難以作出合理判斷的行為[註10]。

依照前揭之司法判決及大法官會議解釋釋字第 548 號解釋[註11]之內涵認為行政院公平交易委員會發布之「審理事業發侵害著作權、商標權或專利權警告函案件處理原則」係行政院公平交易委員會為審理事業對他人散發侵害智慧財產權警告函案件，為對是否符合公平交易法第四十五條行使權利之正當行為所為之例示性函釋，未對人民權利之行使增加法律所無之限制，未違反於法律保留之原則，亦不生授權是否明確問題，與憲法並無牴觸。

依照該原則所發動警告函維護專利權人的法定權利之行為故屬正當權利的行使。惟若在散發侵害專利權警告函時，若函中如未附法院判決或公正客觀的侵害鑑定報告，則必須陳明其專利權內容、範圍及受侵害之具體事實，同時亦不得有前述所列行政法院所認為逾越權利正當行使範圍之情事，如因函中未附法院判決或公正客觀的侵害鑑定報告或陳明專利權內容、範圍及受侵害之具體事實，而造成相對人收受警告函後，形成的不公平競爭者（如為避免因購買競爭者商品或服務而涉入無

---

註 8：　最高行政法院 89 年度判字第 941 號判決。

註 9：　最高行政法院 86 年度判字第 1557 號判決。

註 10：最高行政法院 89 年度判字第 761 號判決。

註 11：釋字第 548 號解釋文（公布日期九十一年七月十二日）：「主管機關基於職權因執行特定法律之規定，得為必要之釋示，以供本機關或下級機關所屬公務員行使職權時之依據，業經本院釋字第四〇七號解釋在案。行政院公平交易委員會中華民國八十六年五月十四日（八六）公法字第〇一六七二號函發布之「審理事業發侵害著作權、商標權或專利權警告函案件處理原則」，係該會本於公平交易法第四十五條規定所為之解釋性行政規則，用以處理事業對他人散發侵害智慧財產權警告函之行為，有無濫用權利，致生公平交易法第十九條、第二十一條、第二十二條、第二十四條等規定所禁止之不公平競爭行為。前揭處理原則第三點、第四點規定，事業對他人散發侵害各類智慧財產權警告函時，倘已取得法院一審判決或公正客觀鑑定機構鑑定報告，並事先通知可能侵害該事業權利之製造商等人，請求其排除清害，形式上即視為權利之正當行使，認定其不違公平交易法之規定；其未附法院判決或前開侵害鑑定報告之警告函者，若已據實敘明各類智慧財產權明確內容、範圍及受侵害之具體事實，且無公平交易法各項禁止規定之違反情事，亦屬權利之正當行使。事屈＞他人散發侵害專利權警告函之行為，雖係行使專利法第八十八條所賦予之侵害排除與防止請求權，惟權利不得濫用，乃法律之基本原則，權利人應遵守之此項義務，並非前揭處理原則所增。該處理原則第三點、第四點係行政院公平交易委員會審理事業對他人散發侵害智慧財產權警告函案件，是否符合公平交易法第四十五條行使權利之正當行為所為之例示性函釋，未對人民權利之行使增加法律所無之限制，於法律保留原則無違，亦不生授權是否明確問題，與憲法尚無牴觸。」

謂之訟累，心生疑懼，或拒與交易等），則非屬智慧財產權相關法律所保障之權利正當行使行為，乃屬於公平交易法規範市場競爭行為之範疇行為，已逾越保護其專利權之必要程度，屬於不當之競爭手段。

施以不當競爭手段的專利權人除將受公平會為違法之處分之外，更甚者，依據我國專利法的規定專利權人若有限制競爭或不公平競爭之情事，經法院判決或行政院公平交易委員會處分者，專利專責機關亦得依申請，特許該申請人實施專利權。因此專利權人在寄發警告函或為其他請警告行為時仍不得不慎！

## 14-3　國內警告信函範例與行使權利

對於警告信函並無一定格式，惟需注意信函內容必須檢具相關事證，且於寄發警告信函時最好僅針對專利侵權一事提出警（敬）告與聲明，切勿在未附相關事證的情況下，對專利侵權人（製造專利侵權產品者）之交易相對人（通常係使用專利侵權產品者）在警告信函中，記載要求對方簽訂授權契約否則將提起侵權訴訟等語，以免將來可能招致違反公平交易法的非難。

### 一、範例

敬啟者：貴公司所製造（為販賣之要約、販賣、使用）之產品（產品中的零部件、結構），經鑑定分析（鑑定機構名稱、鑑定報告），已涉及侵害本公司發明（新型或設計）第○○○○○○號（專利證書號）之「○○○」（專利名稱）專利（如附件）（附件應附證書、專利公報及侵權物照片等相關事證）。貴公司依法應停止專利侵權行為並對已涉之專利侵權行為負損害賠償之責，惟顧及貴我雙方商業情誼，免於對簿公堂，懇請貴公司於○日內出面協商。

### 二、行使權利

專利權人一旦發現有疑似侵權的產品，專利權人應採取的行動及步驟包括（圖14-1）：

1. 蒐證：不論專利權人係自市場、展覽會廠或工商型錄中發現有對於疑似侵權的產品，最有效的證據蒐集係經由購買所獲得的疑似侵權之產品，並取得發票以為販賣或銷售的證明。

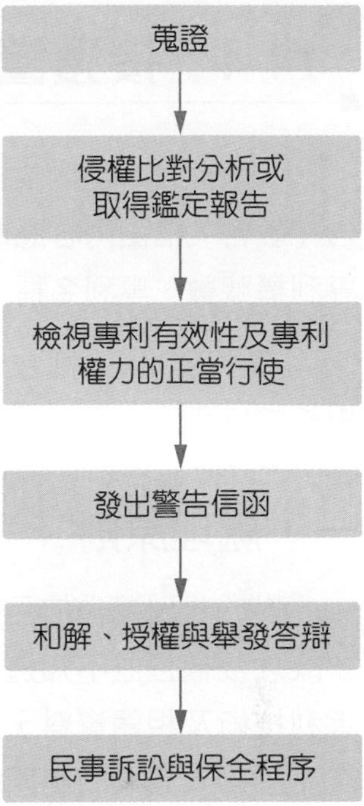

2. 分析比對或取得鑑定報告：當購得疑似侵權的產品後，下一步驟應就疑似侵權的產品與專利之申請專利範圍加以比對，對於疑似侵權新型或發明專利者，由於涉及結構或技術方法，因此必須依據侵權比對的步驟加以分析，最好由鑑定機構做成一鑑定報告作為認定侵權的佐證。若是設計專利其比對因不涉及技術內涵，只要以外觀觀察之即可，若造成相同或近似即為屬侵權。舉凡物品的構造、功能、材質、大小非屬外觀特徵，而僅屬一般設計常識範圍內者，不列為判斷要素。

3. 檢視專利有效性及專利權利的正當行使：專利權人在發動行使專利權之前首要的工作包括專利權是否有效、有無續繳專利年費及有無進行專利號數之標示，若尚未標示者應立即進行專利號數的標示。

4. 發出警告信函：警告信函的寄發應先考慮疑似侵權的產品與專利權產品在市場上是否有造成競合而影響專利權產品的銷售，專利權人應先檢視自有專利權產品是否仍在市場上流通，是否繼續製造，發出警告信函的目的係排除相同產品在市場上的干擾或發出警告信函的目的係收取權利金以取得創新的報償。若目的係排除相同產品在市場上的干擾則發出警告信函的時間點應越即時越好，設若目的係收取權利金以取得創新的報償則應待時機成熟後再發出警告信函。

圖 14-1　專利權人行使權利流程圖

5. 和解、授權與舉發答辯：當警告信函出後被控侵權人必先檢視專利的有效性及專利權利有無正當行使，並且進行產品與專利權申請專利範圍的比對。若被控侵權人認為並不侵權則會回應其尊重智慧財產權且無侵權事實[註12]。設若被控侵權人的產品果真侵權且已在市場上大量流通或仍繼續銷售、生產，則會進行先前技術的調查與檢索，以舉發該專利為優先，專利權人則需進行答辯以維護其專利權，若經過先前技術的調查與檢索並無提起舉發的可能性則可能尋求和解或授權。

6. 民事訴訟與保全程序：被控侵權人不論是否侵權都仍有可能繼續生產，對於警告信函的發出也可能做無實益的回應，一再地拖延。此時專利權人為了確保其法定權益，可以聲請保全程序及提起民事訴訟請求損害賠償。

---

註 12：是否提出不侵權之鑑定報告通常與警告信函的內容及疑似侵權的程度有關。

## 14-4　接獲警告信函的處理原則

一般而言，國內的警告（敬告）信函主要係透過郵局的存證信函方式寄發。警告（敬告）信函內容應載明侵權的人（公司）、事實、物品、被侵權或主張權利之專利權號數、專利名稱、侵權比對分析表、回覆期限及聯絡窗口。

國外專利權人則會透過外部律師事務所或內部專責單位如智權、法務部門，發出希望協商或進行授權的信函，敘明某些產品型號已落入其專利範圍之中。

### 一、處理原則

對於收到警告信函後的處理方式（圖 14-2），首先應以善意誠信的態度表明非故意侵權且並不知道有侵權的情事；且於信件中一併要求需要較長的時間研究專利技術及相關資料，如果首次的警告信函中，僅簡略地記載已侵權一事或記載產品已落入其專利範圍時，則被控侵權人應主動要求專利權人提供具體的技術比對，如「請求項與被控侵權對象技術特徵對照表」（Claim Chart）及明確的產品型號，甚至可以要求對方提出鑑定報告。

在寄出回函的同時，應檢視警告信函中行使權利的正當性（圖 14-2：A 部分），包括是否係以專利權人名義寄出，有無專利證書，專利權是否移轉或共有；該專利的公告日（或授權日）與本警告信函寄出的時間差異，是否有怠惰行使權利的情形；警告信函是否同時濫發至其他下游廠商或同業處造成困擾，是否有違反公平交易法的情形。

其次，是對於專利技術的研判（圖 14-2：B 部分），其中包括專利是否有效、專利權的申請歷史過程、在各國申請及核准的情形、是否有延續案或分割案等；專利技術內容的分析並與相關產品的先行比對；如果真的落入專利範圍，則應開始著手尋找相關先前技藝（或專利前案）評估提出舉發的可能性。

有時落入專利權人申請專利範圍的產品未必是公司的主力產品，因此在對產品進行分析後（圖 14-2：C 部分），如果侵權可能性極高，則應評估產品的獲利與權利金的數額，判斷是否仍繼續生產製造，如果繼續生產是否有替代技術或是否可以迴避設計的方式發展自有的技術。

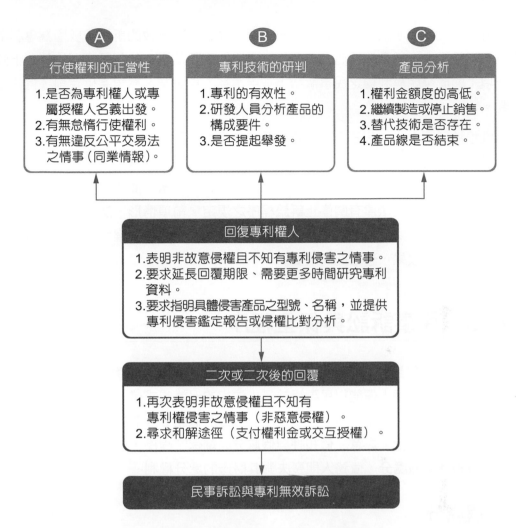

圖 14-2　接獲警告信函之處理原則

　　通常專利權人是有備而來，當進入二次或二次後的回覆階段，是否侵權已漸明確，如果不侵權則明確地回覆專利權人並未侵權，最好同時附上鑑定機構的未侵權的鑑定報告。

　　專利權人寄發警告信函的用意包括：(1) 告知可能侵權之上游廠商，勿使用未經授權的技術或產品；(2) 主張權利欲收取權利金；(3) 藉由警告終端產品製造商的方式找出真正侵權的製造商、進口商或代理商資訊；(4) 藉警告信函的送達建立「明知」的故意侵權要件。

　　設若一旦真的侵權則可以尋求和解途徑，以支付權利金方式或交互授權方式解決。若雙方對於技術認定或是和解條件上仍有爭執，則訴訟在所難免，接獲警告

信函者除了設法證明未侵權之外，另一方面可提起專利無效的訴訟（我國為專利舉發），一般而言，舉發的提起有延緩民事判決的實際效果，如我國專利法第九十條第一項；關於發明專利權之民事訴訟，在申請案、舉發案、撤銷案確定前，得停止審判。

惟根據民國九十六年三月二十八日公布施行之智慧財產案件審理法第十六條規定：「當事人主張或抗辯智慧財產權有應撤銷、廢止之原因者，法院應就其主張或抗辯有無理由自為判斷，不適用民事訴訟法、行政訴訟法、商標法、專利法、植物品種及種苗法或其他法律有關停止訴訟程序之規定。前項情形，法院認有撤銷、廢止之原因時，智慧財產權人於該民事訴訟中不得對於他造主張權利。」故前述延緩民事訴訟判決的效果，恐因此而改變。

## 14-5　民事訴訟與保全程序

我國專利法於民國九十二年全面除罪化後[註13]，不論侵害發明專利、新型專利或設計專利，專利權人僅能以民事訴訟尋求法律的保護或求償。於民事訴訟的提起時所相伴隨的是聲請保全程序。保全程序又可分為**假處分**與**假扣押**，所謂「假」係指「暫時」或「先行」之意。**假扣押**與**假處分**同屬保全程序，債權人不論係對債務人實施**假扣押**或**假處分**，債務人即喪失對其財產的處分權利。

### 一、假處分

所謂**假處分**，係指債權人就金錢請求以外之請求，因保全強制執行，而對於請求標的（物）實施強制處分的一種程序。

**假處分**之請求可分為二種態樣，(1) 防止請求標的（物）現狀的變更之請求，亦即維持特定請求標的（物）的現狀；(2) 防止法律關係發生變化之請求，以免法律關係發生變化，致造成日後處理上的困難，也就是在維持法律關係的現狀，以排除將來權利實行之障礙。

---

註 13：我國於民國八十三年專利法修正時，首次進行除罪化的工作，惟僅就發明專利之侵害部分，刪除第一二三條、第一二四條及第一二七條等有期徒刑之處罰，罰金刑部分則仍予保留。直到民國九十年十月四日立法院三讀通過將發明專利侵害之罰金始予刪除。經各界的努力，於九十二年一月立法院通過刪除專利法中新型，新式樣專利有關專利刑罰之規定，經行政院於同年三月三十一日令自即日起施行後，專利法全面除罪化修法始告完成。侵害專利權之救濟，才完全回歸民事訴訟解決。

## 二、假扣押

**假扣押**係債權人就金錢請求或得易為金錢請求，欲保全強制執行而為的保全程序。

## 三、專利侵權行為上的運用

專利權人與被控侵權人間的在技術的比對及協商之後，專利權人若未及時得到預期的善意回應，通常會採取訴訟手段以訴訟方式取得賠償金或藉訴訟逼迫被控侵權人進行專利授權談判。

依據我國民事訴訟法第五百三十八條第一項規定：債權人於爭執之法律關係，為防止發生重大之損害或避免急迫之危險，或有其他類似情形而有必要時，得聲請為定暫時狀態之**處分**。

專利權人若經鑑定「確認」被控侵權人已構成對其專利權的侵害，專利權人與侵權人之間就形成一種債權、債務關係，專利權人視為債權人，被控侵權人視為債務人，專利權人以債權人身分經由**假處分**的提出，請求法院下達一執行命令，命被控侵權人不得為特定行為，通常係命侵權人不得繼續使用被侵權之專利技術，及製造、銷售或為販賣之要約相關之產品，其實就等於是凍結被控侵權人的相關生產狀態。

一旦執行命令寄達，被控侵權人即不得隨意利用或處分標的物，將嚴重影響被控侵權人相關產品的出貨狀態。如果違反則公司負責人有被拘提、管收或被罰款之虞。以下舉個實例，例如 A 手機廠所生產製造的手機（下稱係爭手機）中的某項技術涉及侵權，專利權人經鑑定報告確認侵權後即可向法院提出**假處分**聲請，只要相關事證完備法院原則上會裁定債權人在一定金額的擔保後，命被控侵權人（債務人）不得再為實施係爭專利的相關生產、銷售行為，也就是係爭手機將暫時不得出貨。若 A 手機廠在該假處份未經撤銷前仍繼續出貨，則 A 手機廠的老闆就有被拘提、管收或被罰款的風險。

## 四、反擔保

法院執行命令的下達，並不當然侵權，是否侵害專利尚須待專利權人起訴及法院的判決而定。因此被控侵權人亦可向法院提出對於該**假處分**裁定的抗告，同時提存**反擔保**金提出**反擔保**，聲請撤銷**假處分**，法院收到**反擔保**金，原則上法院之民事執行處亦會撤銷該執行命令及該**假處分**。

## 五、智慧財產法院與智慧財產及商業法院

針對過去智慧財產訴訟實務需改進之處包括：

1. 公法（行政）私法（民事刑事）二元分立導致權利救濟效率低落（尤指專利案件）。

2. 專利法除罪化後權利人蒐證困難（無刑事搜索）。

3. 法院過度依賴鑑定機構（一般法院法官無技術背景）。

4. 定暫時狀態處分過於寬鬆（濫發及訴訟拖延）。

基於上述理由，我國於二〇〇八年七月一日成立了專業法院，稱「智慧財產法院」。

我國「智慧財產法院」掌理關於智慧財產之民事訴訟、刑事訴訟及行政訴訟之審判事務，其管轄範圍包括：民事訴訟事件，依專利法、商標法、著作權法、光碟管理條例、營業秘密法、積體電路電路布局保護法、植物品種及種苗法或公平交易法所保護之智慧財產權益之第一審及第二審民事訴訟事件。刑事訴訟案件，因刑法第二百五十三條至第兩百五十五條、第三百一十七條、第三百一十八條之罪或違反商標法、著作權法、營業秘密法及智慧財產案件審理法第三十五條第一項、第三十六條第一項案件，不服地方法院依通常、簡式審判或協商程序所為之第一審裁判而上訴或抗告之刑事案件，但少年刑事案件除外。行政訴訟事件，因專利法、商標法、著作權法、光碟管理條例、積體電路電路布局保護法、植物品種及種苗法或公平交易法涉及智慧財產權所生之第一審行政訴訟事件及強制執行事件。及指定管轄案件，其他依法律規定或經司法院指定由智慧財產法院管轄之案件[註14]。

為迅速、妥適、專業處理重大商業紛爭，健全公司治理，提升經商環境，以促進經濟發展而規劃設置的商業法院，於二〇二一年七月一日正式上路，並與智慧財產法院合併改制為「智慧財產及商業法院」。

---

註 14：參見智慧財產法院全球資訊網。

## 問題與思考

1. 專利號數標示的意義為何？

2. 試舉六類足以影響交易秩序顯失公平，違反公平交易法的警告行為。

3. 試述專利權人一旦發現有疑似侵權的產品，專利權人應採取的行動及步驟為何？

4. 專利權人寄發警告信函的用意有哪些？

5. 所謂假處分？

6. 何謂假扣押？

# *15* 專利權與其他無體財產權的區別

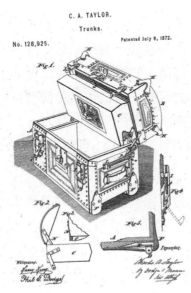

C. A. TAYLOR.

Trunks.

No. 128,925.

Patented July 9, 1872.

▲ US128925_1872 年獲准的附有
輪子的行李箱專利

──────── **學習關鍵字** ────────

| | | | |
|---|---|---|---|
| ▪ 營業祕密 | 204 | ▪ 商標 | 206 |
| ▪ 原創性 | 206 | ▪ 著作權 | 206 |

# 15-1 專利保護與營業祕密之比較

生產或製造技術對於產業而言，無異於生存命脈，掌握技術的同時若對於技術未加以保護，很可能受到同業間的抄襲，破壞市場的優勢，於是對於技術保護的重要性不言可喻。而保護技術的主要手段包括將技術以保持祕密的狀態以**營業祕密**保護，或申請專利以法律的手段取的法定的排他權利。

**營業祕密**通常是一種關鍵技術、知識或經驗，有些訣竅係經由實驗或實務操作中所得到的最佳數據或配方，而這樣的技術、知識或經驗提出專利保護的必要性就值得商榷。最經典的例子就是可口可樂的配方。可口可樂是擁有百年歷史的國際性知名飲料，但至今人們仍只了解可口可樂所公開的包括碳酸水、高果糖漿、焦糖、碳酸、咖啡因成分。至於使可口可樂具有特殊風味的「可樂子天然香料」沒有公開，此一關鍵配方仍處於保密狀態。

可想而知，如果將該配方以專利的方式保護，一經公開其競爭的優勢必將隨即改變。而且專利形式的保護具有時效性（發明專利 20 年），專利權限一過或未繳規費，專利就變成公共財，成為任何人皆可免費使用的技術。亦即配方或技術一經公開，任何廠商可以參考其配方加以改良或變化，而且當專利期限屆滿後，任何人還可依照其配方製造「可口可樂」。

因此，就「可口可樂」配方一案而言，經由專利保護所得的利益未必較將配方保密所獲得的經濟價值來的高。是故未必所有的技術皆須以專利的形式加以保護。

以專利形式的保護與以**營業祕密**保護之間有一些主要的差異包括：(1) 專利所保護的是技術本身，而**營業祕密**所要保護的是保密的狀態而非技術本身；(2) 專利的保護依照申請的類型有不同的保護年限，而**營業祕密**沒有一定的期限，要視保密的狀態而定，可以長達百年以上；(3) 專利制度的特性之一就是技術的公開，而**營業祕密**的特性是保密不公開；(4) 專利權的授予需經法定申請過程由主管機關頒證確定權利，而**營業祕密**的保護方式則是當該資訊滿足營業秘密三要件既「秘密性」、「經濟性」及「合理保密措施」時自動受到保護；(5) 專利權具有排他性，不容與申請專利範圍相同的技術同時受到專利的保護，而**營業祕密**則不具排他性，數個廠商可能同時掌握著相同的配方或技術，彼此之間的配方或技術是可以並存的；(6) 專利權的申請需經法定專利要件的審查，**營業祕密**所保護的配方或技術則沒有限制，不需審查。就技術而言，也未必符合專利要件；(7) 將技術申請專利之後，由

於有公開的法定過程，一經公開就沒有祕密性可言，無法再以保密的形式以**營業祕密**保護，而**營業祕密**由於將技術保持在未公開的祕密狀態，只要合於專利要件則有可能轉換為專利形式的保護。下表 15-1 為以專利形式的保護與以**營業祕密**保護的比較表：

表 15-1　以專利形式保護與以營業祕密保護的比較表

|  | 專利 | 營業秘密 |
|---|---|---|
| 法定性 | 法定的權利，所保護的是該技術本身 | 法定的權利，但保護的是保密的狀態而非技術本身 |
| 保護期限 | 有法定期限 | 無一定期限，可以長達百年 |
| 是否公開 | 公開 | 不公開 |
| 保護方式 | 合於法律所規定的形式，由法律保護 | 契約或保密方式保護 |
| 排他性 | 有 | 無 |
| 專利要件 | 必須符合 | 未必符合 |
| 保護型態的轉換 | 不能轉換為營業祕密 | 有可能可以轉換為專利形式的保護，但須符合專利要件 |

# 15-2　設計專利與新型專利的區別

　　一般而言，產品形狀的視覺效果屬於設計專利的保護範疇，產品形狀的技術效果或功能性屬於新型專利的保護範疇。對於一項產品外觀形狀上創新應如何保護，通常應先具體分析主要訴求為何？如果產品的新設計具有明顯的視覺效果，而且對產品的形狀、構造具有足夠的制約作用，對於這種設計應採設計專利來保護。

　　設計專利必須是透過視覺訴求之具體創作，亦即必須是肉眼能夠確認而具備視覺效果的設計，始符合設計專利之視覺性。視覺性之規定將設計與具技術性之發明及新型予以區隔，排除肉眼無法確認而必須藉助其他儀器始能確認之設計，舉凡不具備視覺性之物品外觀設計並非設計專利保護之標的。

　　若產品的新設計既具有明顯的視覺效果，又具有特殊的技術效果或功能性則不妨同時申請新型專利及設計專利加以保護。

## 15-3 設計專利與商標的區別

設計專利保護的是物品的形狀、花紋、色彩或者其結合所作出之產品的新設計。而**商標**則是一種用以表彰或區別商品的標記。雖然有些**商標**也具有表現產品外觀的作用，但是單獨的**商標**不能成為產品設計的完整內容，不屬於設計專利的保護範疇。但是，當由若干個**商標**組成預定的圖案，對產品的外型做具體的描述，且適於工業上應用，對於這樣的**商標**的組合，也可成為設計專利保護的標的。

## 15-4 設計專利與著作權保護範圍的比較

由法律上的規定加以區分，設計專利與**著作權**保護的主要區別在於：

1. 設計專利有「新穎性」的法定要件，即應當與申請日以前在國內外出版物上公開發表過或者國內公開使用過的設計不相同或者不相近似；而後者所要求的是「**原創性**」，即作品必須是作者自己的創作，即使該作品的內容與其他作品雷同，但只要是作者自己創作的，皆受到**著作權**法的保護。

2. 設計專利除了「新穎性」的法定要件之外尚須經由法律審查，由專利法授予排他權利，其排他權利為核准公告後若干年；而後者則係於作者創作完成時即自動受到**著作權**法的保護，其保護年限為保護至作者身故後若干年（**著作權**人若非自然人則為固定若干年）。

3. 設計專利之設計必須具備物品性，必須應用於物品外觀，可以供產業上利用。而**著作權**所保護的創作無可供產業上利用的限制，可以是抽象的或不可能存在的形體或外觀。

**問題與思考**

1. 試比較一項技術以專利保護與營業祕密保護之差異。
2. 設計專利與新型專利的區別為何？
3. 試述設計專利與商標權的區別。
4. 試述設計與著作權保護範圍的比較。

**Chapter**

# *16* 美國專利簡介

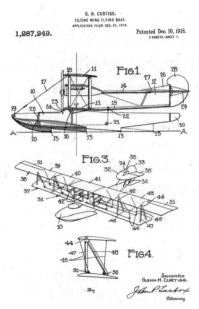

G. H. CURTISS.
TILTING WING FLYING BOAT.
APPLICATION FILED DEC. 21, 1916.

1,287,249.

Patented Dec. 10, 1918.
2 SHEETS—SHEET 1.

▲ US1287249_1916 年 12 月 21
日申請 / 1918 年 12 月 10 日
獲准雙翼水上飛機專利

---

**學習關鍵字**

# 16-1　美國特殊專利案申請態樣

　　目前我國的專利申請案的案件受理型態，僅存正式的專利申請案，過去我國曾參考日本的專利申請制度而有追加專利申請案制度的設計，惟追加專利申請案的申請方式已自九十年十月二十四日專利法修正施行之後廢止。而美國則有不同於其他國家的特殊專利案申請態樣，包括**臨時申請案**（Provisional Application, 簡稱 PA）、**延續申請案**（Continuation Application, 簡稱 CA）、**部分延續申請案**（Continuations-In-Part Application, 簡稱 CIP）、**分割案**（Divisional Application, 簡稱 DA）及**請求繼續審查案**（Request For Continued Examination, 簡稱 RCE）等。

## 一、臨時申請案

　　「**臨時申請案**」（Provisional Application, 簡稱 PA），為美國最特殊的專利申請案態樣，申請人只要向美國專利商標局提出「**臨時申請案**」的暫時性申請，在申請後十二個月內提出正式申請案後，就可以取得以「**臨時申請案**」之申請日為國內優先權日，且不計入專利期限之起算。

　　「**臨時申請案**」的費用較為低廉，說明書格式不拘且不必以英文提出，也不需提交申請專利範圍。但是，一旦專利申請案以「**臨時申請案**」的方式提出後，必須在一年之內提出正式申請，否則此「**臨時申請案**」在一年後自動失效，若在一年之內未提出該發明的正式申請，逾期則不能取得申請日的優惠。雖然「**臨時申請案**」不需提交申請專利範圍，惟實務上為了將來正式申請案的可支持性，仍建議提交完整的申請專利範圍。

## 二、延續申請案

　　「**延續申請案**」（Continuation Application, 簡稱 CA），為美國專利申請案的一種，其意義係以相同正式申請案提出第二次的申請，「**延續申請案**」係於較早的申請案（下稱母案）還在審查期間所提出的申請，並使用母案申請日來作為優先權日，可以說是母案的延續。通常提出延續案的目的是為了申請不同於母案的請求項範圍。

　　提出「**延續申請案**」之前提包括：(1) 必須在前一次提出的申請案未放棄或尚未被核准前提出；(2) 與前一次提出的申請案至少有一位共同的發明人。

　　「**延續申請案**」的提出必須以是前一次提出之申請案所揭露的內容為基礎，不得提出新事物（New Matter），雖然「**延續申請案**」的申請專利範圍係源自於前一次提出之申請案的相同發明，但是「**延續申請案**」的申請專利範圍所請求的範圍（Scope）可以改變。

　　申請「**延續申請案**」的時機與實益在於：(1) 當競爭對手企圖迴避設計，而以小幅的變化避免若入文義侵權時，申請「**延續申請案**」也許可以修正申請專利範圍藉以涵蓋文義上的變化；(2) 當前一次提出之申請案有部分申請專利範圍核准，但有部分申請專利範圍遭到核駁時，為了繼續爭取遭到核駁的部分申請專利範圍，較好的做法即僅保留在前一次提出之申請案中核准的部分，先取的該部分的專利權，對於遭到核駁的部分，則以提出「**延續申請案**」方式繼續爭取；(3) 當前一次提出之申請案的申請專利範圍全部被核駁時，藉由提出「**延續申請案**」方式繼續嘗試。

## 三、部分延續申請案

　　「**部分延續申請案**」（Continuations-In-Part Application, 簡稱 CIP），與「**延續申請案**」所不同者，「**部分延續申請案**」可以增加「新事項」（New Matter），其意義係以前一次提出之正式申請案（下稱母案）的相同的主要內容或全部內容且加入未曾揭露的事項，所提出的再次申請。

　　申請「**部分延續申請案**」的時機與實益在於：(1) 就產品或技術延續部分在母案的基礎上持續布局 ；(2) 在母案的基礎上可以加入發展中的新技術或數據以克服核駁理由。

　　申請「**部分延續申請案**」的前提係與母案至少要有一位共同的發明人，也就是說若母案為多個共同發明人時，「**部分延續申請案**」之發明人僅需其中一人即可，且就「新事項」部分可新增發明人。

　　「**部分延續申請案**」中所沿用母案中所揭露的特徵部分，可以享有母案的優先權；但新增的「新事項」部分則取得較晚的申請日，不能享有母案的優先權。

## 四、分割案

　　「**分割案**」（Divisional Application, 簡稱 DA），係當前一次提出之正式申請案（下稱母案）還在審查期間所提出之源自於母案的申請案。通常在當母案遭到第一次核駁時，美國專利商標局（USPTO）官方意見中若指出母案之申請專利範圍

係源自（Directed）多個發明，美國專利商標局（USPTO）將要求申請人在母案選擇一個發明而且將其他的發明分別以另案申請，此另案申請的專利案也就是所謂的「**分割案**」。自二〇〇〇年五月二十九日當日及之後申請的「**分割案**」，將取得不同的申請案號，亦即「**分割案**」將不受母案的影響，可以被核准為獨立的專利案。

## 五、請求繼續審查案

「**請求繼續審查案**」（Request For Continued Examination, 簡稱 RCE），顧名思義，「**請求繼續審查案**」就是當專利申請案在連續遭到核駁時，所提出要求繼續審查的案件，「**請求繼續審查案**」通常在申請人收到最終核駁後的六個月內提出。但是在一九九五年六月八日前申請的「發明專利申請案」或是「植物專利申請案」並不能再利用「**請求繼續審查案**」的程序，請求繼續審查。另根據美國專利法的規定，「**請求繼續審查案**」不適用於設計專利申請案及「**臨時申請案**」。

「**請求繼續審查案**」的提出必須提交一份「陳報書」（Submission）及規費。其中，陳報書中包括但不限對說明書、申請專利範圍及圖式的修正、新的答辯理由或可以支持該申請案可專利性的新的證據及「資訊揭露聲明書」（Information Disclosure Statement, 簡稱 IDS）的提出。

其中 IDS 係指根據美國專利法施行細則 37 CFR § 1.56 規定，專利申請案於審查過程中，包括申請人、發明人及代理人等人，凡是知悉影響任一請求項之可專利性，具重要意義的所有資料，包括一個或多個在其他國家所提出的相對案遭受核駁的內容等，皆有義務陳報美國專利商標局。如果申請過程中存在或企圖存在對美國專利商標局的欺詐行為，或因惡意或故意的不當行為而違反了揭露義務，則該專利申請案不會被授予專利權。

## 16-2　美國專利法對於新穎性的規定

在美國有關判斷新穎性的標準，係規定於美國專利法第 102 條。

美國專利法第 102 條規定如下：

第 102 條 a 款規定：「發明人提出該發明之前，如果該發明在美國境內為他人所公知，或者在美國或外國已被他人取得專利，或者見於美國或外國的刊物者。」喪失新穎性，不得取得專利權。

第 102 條 b 款規定：「在發明人向美國專利商標局提出專利申請之一年前，相同的發明已經在美國或外國獲得專利、或已見於美國或外國的刊物、或已經在美國公開使用或銷售者。」喪失新穎性，不得取得專利權。

第 102 條 c 款規定：「若發明人放棄其發明，則不能取得專利權。」所謂放棄其發明係指放棄其發明取得專利權的權利。

第 102 條 d 款規定：「如果該發明已經由其法定代表人或授讓人在向美國提出專利申請前已經獲得外國專利，或發明人在提出外國申請 12 個月後才提出美國專利申請者。」不得取得專利權。

第 102 條 e 款規定：「發明人完成發明之前，相同的發明他人已經向美國專利商標局提出專利申請，並經公開或日後核准專利者（相同發明申請在先並經公開或核准專利者）或者相同的發明已由他人提出國際申請（PCT）且指定美國之可以英文公開的專利案件者」喪失新穎性，不得取得專利權。

由於美國已採早期公開（申請案十八個月後即公開）因此只要是已有相同發明申請在先，將使後發明者不能獲得專利權。

第 102 條 f 款規定：「欲取得專利者並非該發明之發明人」。

第 102 條 g 款規定：「在發明人發明之前，相同之發明已經由他人完成，而且他人未放棄、不發表或隱匿該發明，則後發明者不能獲得專利」。

## 16-3　新穎性喪失與失權

而對於美國專利法第 102 條之規範又可分為他人的行為造成新穎性的喪失與申請行為造成的失權，説明如下：

### 一、他人的行為造成新穎性的喪失

對於提出專利申請的一項發明，該發明之發明日之前，他人的行為是否造成的該項發明喪失新穎性，其實所規範的意義在於確定申請人事否是最先發明，例如：在發明人發明之前，他人已經公開、使用該發明或已取得專利（a 款、e 款及 g 款）。

## 二、申請行為造成的失權

1. 該發明在美國的申請日太晚而造成該項發明喪失新穎性，例如：發明人公開使用自己的發明，且未在一年之內提出美國專利申請或在國外申請專利超過一年之後才向美國申請專利（b 款及 d 款）。

2. 發明人放棄其發明（c 款）。

3. 欲取得專利者並非該發明之發明人（f 款）。

# 16-4　先發明原則

　　美國在制定專利法時，一個重要原則就是人類的創造性是一種天賦的權利。發明人從構思一項發明到最終完成這項發明，是一種創造性的勞動，因此申請專利的申請行為僅是一種宣告行為。若欲使勞動成果獲得法律的保護，其條件之一就是新穎性，而新穎性又與發明行為有關。因此，美國專利法曾以發明日，而不是以該項發明專利申請之日來進行評價。

　　這一特點與其他國家之規定所不同，美國的專利權係授予最先發明者（**先發明原則**）而非最先申請者（先申請原則）。就公平性而言，因為其將專利權授予真正發明的人，**先發明原則**顯然是比較公平的，但是誰先發明牽涉到舉證的問題，欲證明誰先發明將是一件繁重的工程，因此實益不大且窒礙難行[註1]。

　　美國專利法對於新穎性的限制與其他國家有所差異，美國專利法規定造成新穎性喪失的情況，包括：該發明已在國內外獲准專利或在印刷刊物上公開發表，或在國內為公開使用或銷售超過一年者。

　　其反面解釋意即，包括申請前未以書面的公開或在申請前一年內於美國境內公開使用或銷售者，不影響該發明的新穎性。

---

註1：　曾採**先發明原則**者僅美國及菲律賓，其他大多數國家則採先申請原則。美國總統歐巴馬於 2011 年 9 月 16 日簽署美國發明法案（America Invents Act; H.R. 1249 法案，生效日為 2013 年 3 月 16 日），將長期以來所採的**先發明原則**修改為趨近先申請原則的發明人先申請原則。

# 16-5　對於既有技術的認定

如果涉及美國專利，依照美國專利法第 102 條各款（c 款及 f 款除外）判斷一項技術文獻或專利是否為既有技術，可以按照如下的步驟加以判斷：

先確定該項技術文獻或專利的公開或核准公布日是否早於美國專利申請一年以上，如果是，則構成 102 條 (b) 款的既有技術（圖 16-1）。

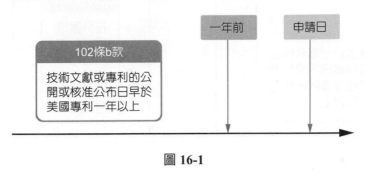

圖 16-1

如果不是，則應進一步考慮該項技術文獻或專利的公開或核准公布日是否發生在申請人發明之前，如果是，則構成 102 條 (a) 款的現有技術（圖 16-2）。

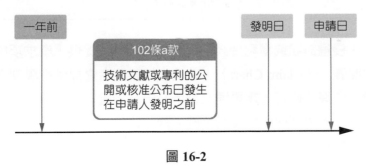

圖 16-2

如果該項專利的核准公布日未處於申請人發明之前，但是其向美國申請專利之申請日早於申請人的發明日，則構成 102 條 (e) 款項之現有技術（圖 16-3）。

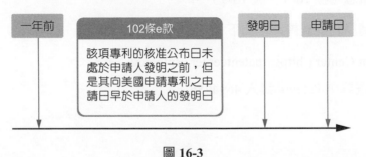

圖 16-3

如果該項技術文獻或專利的公開或核准公布日不是在申請人發明前,但是申請人、其法定代理人或受讓人在外國取得專利之日是在申請美國專利的申請日之前,而其在外國提出專利申請的申請日又早於其在美國的申請日一年以上,那麼它就構成了 102 條 (d) 款的現有技術(圖 16-4)。

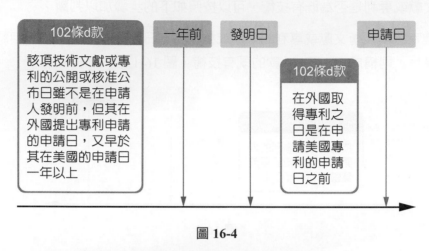

圖 16-4

# 16-6　美國專利申請歷程檢索

一般而言,侵權訴訟或權利金談判之專利權人除了提供「請求項與被控侵權對象技術特徵對照表」(Claim Chart),善盡告知義務者會提供爭專利之完整申請過程,包括核駁、申復、修正、變更通訊處所及申請權讓與等事項。從完整申請過程中或許可以發現係爭專利曾經放棄的範圍。除此之外,對於美國專利申請過程的檢索可以透過美國專利商標局的網路查詢。

自 2022/8/1 起美國專利商標局的 Patent Center(https://patentcenter.uspto.gov/)取代舊有的 EFS-Web 和 PAIR 系統,使用者不再需要輸入網路驗證碼即可直接查詢所需的專利訊息(圖 16-5 ～ 圖 16-9)。

專利申請歷程的查詢網址如下:

1. 進入 Patent Center ( https://patentcenter.uspto.gov/ )。
2. 於下拉式選單選 Patent# 鍵入 4694286。

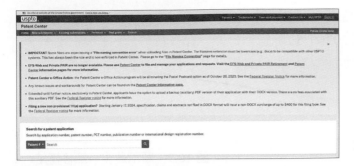

圖 16-5　Patent Center 網頁鍵入專利號數。

3. 選擇左側 Assignments 選項。

圖 16-6　選擇 Assignments 選項。

4. 由頁面資料中顯示，該專利權經過四次移轉。

圖 16-7　顯示經過四次轉讓。

5. 可以知曉第二次受讓人為 WHITE, DAVID G.；第三次受讓人為 RESEARCH INVESTMENT NETWORK, INC.。

圖 16-8　顯示各次的轉讓資料。

6. 下拉至 Assignments 的最後結果，可以知曉最後的受讓人為 AMERICAN VIDEO GRAPHICS, L.P.（檢索日期 2024/1/5）。

圖 16-9　顯示最後一筆移轉結果。

# 16-7　美國國際貿易委員會與邊境管制措施

「**美國國際貿易委員會**」（United States International Trade Commission, 簡稱 USITC 或 ITC），ITC 的成立源自於在一九三〇年美國的關稅法中所設置的邊境管制措施，即所謂修正後的關稅法 337 條款，ITC 最初成立的目的在處理及排除反傾銷的貿易現象，以阻止進口貿易中不正當的競爭。一九七四年美國關稅法經過修正，將侵害專利權的產品進入美國的行為，視為一種不正當的競爭，如剽竊和仿冒等。於是美國關稅法第 337 條為美國工業阻止侵權產品的進口發揮了有效的作用。

為了執行美國關稅法第 337 條款，參議院特別通過設有六人組成的委員會，由總統提名，經參議院同意而任命。ITC 除了六人組成的委員會外，另聘有六名行政法官，並設有兩個獨立行使職權的機構：一為行政法官辦公室，由委員會任命一名行政法官（Administrative Law Judge , ALJ）進行初審，包括調查、審理和做出初步裁定（Initial Determination）；另一機構為不公平進口調查辦公室，配合公設調查人，負責決定在 ITC 調查前協助提出指控，在受理調查後，在職權範圍內獨立進行相關調查。

依照美國關稅法第 337 條款的規定，凡是貨物的進口行為，造成侵害美國本土產業之有效且可執行的美國專利，而將該等侵權貨物輸入美國、為進口而銷售或於進口後在美國境內出售之行為，皆屬違反該條款的違法行為。

ITC 在接到專利權人提出的控訴後進行調查，該調查必須在十二個月內完成，最長不超過十八個月，若侵權屬實，則由 ITC 向美國海關發佈禁令，海關依禁令封存、扣押被指控的進口產品。此外，美國海關也可主動出擊，任何智慧財產權所有權人都可向美國海關總署繳納一定費用而將自己的產權證明登記在海關，以便在篩

選侵權產品時予以扣押，惟此一業務集中在較明確或容易辨識的商標權侵權案件和著作權侵權案件。

向 ITC 提出控訴的案件並不限於美國公司，近年來國內競爭廠商也開始利用向 ITC 提出控訴的手段，達到商業上特殊企圖或保護自己的專利權的目的。例如：二〇〇一年矽統因挖角惹惱聯電，於是聯電向 ITC 提起矽統侵害專利之訴[註2]；二〇〇四年四月美商 Zoran 向 ITC 將華碩及建興等聯發科的十名客戶同步列為被告[註3]，聯發科則於二〇〇四年八月向 ITC 提出 Zoran 侵權之訴[註4]，且於同年十月再向 ITC 提出追加將凌陽科技之關係企業宏陽科技列為被告。

對於在美國之專利侵權案件，專利權人除了傳統的向地方法院起訴尋求法律保護的救濟之外，向 ITC 提出控訴則是另一種選擇。美國地方法院對於專利權權案件審理與其他國家的司法體系情況相同，訴訟時間是不可預期的，而且通常超過一年以上，訴訟程序中的各個階段的調查程序耗時且無法預期。

然而當專利權人在具備：(1) 有效且可執行的美國專利權；(2) 侵害美國本土產業的證明；(3) 專利侵權的證明等要件時，向 ITC 提出控訴在爭取時效及產生嚇阻的效果上是較有利的。

向 ITC 提出控訴，聲稱受到專利侵害的專利權人負專利侵權及「侵害本土產業」的舉證責任，被控侵權人可以使用一切判例法及衡平法上的抗辯，對於專利無效及專利不可執行之抗辯的舉證責任則在被告一方。在獲得 ITC 最後裁決後，提出控訴之專利權人可能得到的法律救濟包括：

1. 限制性的排除命令（Limited Exclusion Order），要求海關對侵害專利之特定廠商之侵權物品，禁止進口。

2. 一般性的排除命令（General Exclusion Order），要求海關對所有侵權物品，不論其來源，一律禁止進口。

3. 禁止命令（Order To Cease And Desist），禁止特定廠商停止其所涉及之侵權物品在美國境內的相關商業活動，包括銷售、廣告、散佈、為販賣之要約及運送（如出口）等。向 ITC 提出控訴與在地方法院起訴勝訴後所獲得的救濟之差異（表16-1）：

---

註 2　Investigation No: 337-TA-450 (U.S. Patent Nos: 5,559,352 6,117,345)

註 3　Investigation No: 337-TA-506 (U.S. Patent Nos: 6,466,736 6,584,537 6,546,440)

註 4　Investigation No: 337-TA-523 (U.S. Patent Nos: 5,970,031 6,229,773)

表 16-1　向 ITC 與地方法院起訴後所獲得救濟之差異

| ITC | 地方法院 |
| --- | --- |
| 可在較短期間內獲得暫時或永久的排除命名（擋關的效果） | 須經判決確定才能阻卻侵害專利行為 |
| 有限律師費的求償 | 惡意侵權或特例可求償律師費 |
| 美國總統基於外交政策或其他原因可否決其裁定 | 不受政治或外交的影響 |
| 政策性的行政救濟 | 法律上的判決 |
| 不能請求賠償金 | 可請求鉅額的損害賠償 |

# 16-8　非實施專利實體（Non-Practicing Entity, NPE）

所謂 NPE 係指取得專利權但並不實施該等專利權的個人或公司，NPE 通常不生產或銷售任何產品。

NPE 可略分為兩種，第一種 NPE 是有從事研究活動的非營利組織或大學，這種 NPE 不會利用訴訟來行使其專利權；第二種 NPE 則是不從事任何研究開發，其取得專利權的目的就是透過訴訟向特定產業的企業索取權利金。

第二種 NPE 會經由法律手段對產業中的下游企業向美國地方法院或**美國國際貿易委員會**（International Trade Commission, ITC）起訴，同時訴請高額的賠償金，由於 NPE 並無生產產品，因此被控侵權的企業無法對其提起反訴。被控侵權的企業只能無效其專利或證明其被控侵權的產品不構成侵權，然而這些過程都會耗費許多訴訟成本包括時間及律師費，更不利於產品的銷售。因此 NPE 就是利用這種訴訟上的不便利及高昂的律師費迫使被控侵權的企業和解，再於和解過程中除了要求被控侵權的企業支付和解金之外，並會另要求轉讓其認為被控侵權的企業的有訴訟價值的專利，以此不斷的屯積可訴訟的專利，再不斷的對其他企業起訴索賠、索取專利。因此這類的 NPE 又被稱為「專利蟑螂」或「專利流氓」。

## 問題與思考

1. 何謂美國臨時申請案？
2. 何謂 CIP 案？
3. 試述申請 CA 案與 CIP 案的差異為何？
4. 試述向 ITC 提出控訴與在地方法院起訴勝訴後所獲得的救濟上的差異為何？

# *17* 與專利有關之重要國際公約與組織

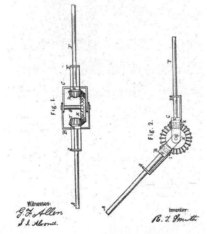

R.T.Smith.
Universal Joint.
№ 66052                    Patented June 25.1867.

Witnesses:
G.F. Allen
I. I. Alond.

Inventor:
R. T. Smith

▲ US66052_1867 年核准的傘狀齒輪轉向裝置專利（被引證次數達 409 次）

17-1 保護工業產權巴黎公約

17-2 世界智慧財產權組織

17-3 專利合作條約

17-4 歐洲專利公約

17-5 歐盟智慧財產局

17-6 與貿易有關的智慧財產權協定

# 17-1　保護工業產權巴黎公約

「**保護工業產權巴黎公約**」（Paris Convention For The Protection Of Industrial Property, 簡稱巴黎公約）係於一八八三年於巴黎的外交會議上，由包括瑞士、比利時、巴西、薩爾瓦多、法國、瓜地馬拉、義大利、荷蘭、葡萄牙，塞爾維亞和西班牙等十一個國家簽署，針對一八八〇年法國政府所提交的關於建立保護工業財產權聯盟草案中重要內容的一份國際公約。巴黎公約於一八八四年七月七日生效，至二〇〇四年八月十九日止公約成員有一百六十四個[註1]，二〇二三年三月十五日止公約成員增至有一百七十九個[註2]，臺灣非公約成員。

巴黎公約所規範的主要內容包括：(1) 國民待遇原則；(2) 優先權制度；(3) 關於實體法上的共同原則；(4) 關於執行公約的行政體系。巴黎公約所保護的對象包括發明專利、新型專利、新式樣／設計專利、商標、服務標章、廠商名稱、貨源標記、原產地名稱以及制止不正當競爭等。

# 17-2　世界智慧財產權組織

「**世界智慧財產權組織**」（The World Intellectual Property Organization, 簡稱 WIPO）係於一九六七年七月十四日在瑞典的斯德哥爾摩共同締約所建立的一政府間國際組織。其前身係為了整合管理「**保護工業產權巴黎公約**」（Paris Convention For The Protection Of Industrial Property, 簡稱巴黎公約）及管理「國際保護文學藝術作品公約」（Berne Convention for the Protection of Literary and Artistic Works, 簡稱伯恩公約）兩個祕書處所成立的「保護智慧財產權聯合國際局」（United International Bureaux For The Protection Of Intellectual Property, 簡稱 BIRPI），於一九七〇年「建立世界智慧財產權組織公約」生效後，BIRPI 正式由 WIPO 所取代。一九七四年十二月，WIPO 加入聯合國組織體系成為聯合國的專門機構之一。其總部設在瑞士日內瓦，目前的有一百九十三個成員國。

WIPO 設立的主要目的為：透過各國間的合作及必要時與其他任何國際組織的協助，促進全球性智慧財產權之保護及確保各成員國間之行政合作。

---

註 1　http://en.wikiped.org/wiki/Paris_Convention_for_the_Protection_of_Industrial_Prorerty#History
註 2　https://www.wipo.int/pct/zh/paris_wto_pct.html

　　WIPO 依其職能可提供成員國的協助包括：透過舉辦政策論壇，為變化中的世界制定兼顧各方利益的國際智慧財產權規則；提供跨境保護智慧財產權和解決爭議的全球服務；提供技術基礎設施，在不同智慧財產權制度間建立聯繫並共用知識；促進合作和能力建設計畫，使各國能夠運用智慧財產權促進經濟、社會和文化發展；提供智慧財產權資訊的全球性參考源[註3]。

# 17-3　專利合作條約

　　「**專利合作條約**」（Patent Cooperation Treaty, 簡稱 PCT）於一九七〇年六月十九日於美國華盛頓簽定，一九七八年一月二十四日生效施行。PCT 為「巴黎公約」下的一個條約。截至二〇二三年三月十五日止共一百五十七個國家或地區加入PCT[註4]，臺灣非成員國，成員國中的專利主管機關為國際申請的受理機構。

　　PCT 主要係處理關於專利案件的申請、檢索及審查，以及包括了技術資訊之傳播的合作性和合理性的一個條約。PCT 僅適用發明或新型專利案；不適用設計專利。PCT 並不對專利授權，授予專利的任務和責任仍然屬於各個成員國的專利主管機關（指定局）。

　　PCT 的主要任務及目的在於簡化各國申請專利保護的程序，使其更為有效和經濟。在 PCT 生效施行前，專利申請人若欲在各個國家尋求專利保護的唯一方法，就是向每一個國家單獨提出申請；由於這些申請案在每一個國家都必須各別申請、各別檢索，因此，每一申請案的申請程序和前案檢索都一再地重複。

　　為了達到簡化申請及檢索的目的，PCT 的主要功能包括：(1) 建立一種國際申請的體系，可以利用單一語言在單一專利局（受理局）提出專利申請案（國際申請案）；(2) 可以由單一個專利局（受理局）對國際申請案進行形式審查及申請日的認定；(3) 對國際申請案所涉發明的習知技術進行國際檢索，並完成書面檢索報告；(4) 對國際申請案的初步審查意見及其書面檢索報告，遞交至國際局及申請人；(5) 將國際申請案之初步審查意見及書面檢索報告提供給指定局，供指定局作為決定是否授予專利權的參考。

---

註 3　https://www.wipo.int/about-wipo/en/index.html

註 4　同註 3。

PCT 的專利申請階段可分為「國際申請階段」及「國家申請階段」，其中「國際申請階段」是指向 PCT 受理局（包括 WIPO 國際局及有受理 PCT 國際申請案之會員國專利主管機關如專利局）提出國際專利申請案的階段，在此階段主要處理包括申請日之認定、國際檢索報告、初步審查及公開等程序。

完成「國際申請階段」後，申請人可根據檢索報告判斷申請案是否具有可專利性、若認為申請案有可專利性，則可選擇進入「國家申請階段」，也就是申請人必須於最早優先權日起算 30 個月內的期限內[註5]向其所有欲尋求專利保護之各指定國專利局提交該國規定之翻譯本及規費，由各國專利局依照其國內專利法規定進行審查，決定是否授與專利權。

透過 PCT 提出國際專利申請案的特點包括：申請格式單一、可以先用單一語文及較少的申請費取得申請日、短時間內取得國際檢索報告、至少有 30 個月的充裕時間考慮是否要對申請案進行修正、是否要進入「國家階段」及選擇向哪些成員國提出申請與就指定國準備翻譯文件等。因台灣非會員國無法直接 PCT 提出專利申請，但是可以利用「申請人國籍適格[註6]」的方式，經由中國國家知識產權局提出申請。

取得 PCT 國際申請案申請日的基本文件包括：

1. 申請人根據其國籍或居所有資格向受理局提交國際申請（中國國家知識產權局為受理局，只接受中國的國民或居民提出的國際申請，國際申請中有多個申請人時，至少有一個申請人的國籍或居所是中國即可）。

2. 國際申請應使用規定的語言撰寫（其中中國國家知識產權局可接受兩種語言：中文、英文）。

3. 提出國際申請的必備文件：(1) 聲明要提出國際申請；(2) 至少指定一個成員國；(3) 載明申請人的姓名或名稱；(4) 說明書；(5) 申請專利範圍。

---

註5　進入國家階段的期限通常為 30 個月，少數國家 Bosnia 及 Herzegovina 則長達 34 個月。

註6　台商可以利用在中國設籍的法人作為申請人提出申請。

## 17-4　歐洲專利公約

「**歐洲專利公約**」（European Patent Convention, 簡稱 EPC）係於一九七三年在慕尼黑簽署，一九七七年生效，同年十月七日成立「歐洲專利組織」（European Patent Organization）轄下設「歐洲專利局」（European Patent Office, 簡稱 EPO）為其執行機構。

EPC 之性質及目的主要是為在各締約國給予發明創新較為簡便、經濟且堅強的保護，並在統合的專利法基礎下，建立了單一化的歐洲專利權授與程序[註7]。

歐洲專利的特色是，自一九七七年 EPC 生效後，發明專利（其他專利不適用）申請人可以向「歐洲專利局」提出一件專利申請案，經由「歐洲專利局」單一申請及審查的程序進行審查。審查核准後的專利，最多可在 44 個國家生效（包括 39 個會員國、1 個延伸國和 4 個生效協議國[註8]）而取得授權。

當提出歐洲專利申請案時，申請人必須指定（選定）申請人想要其專利受到保護的締約國。獲准的歐洲專利，若欲在特指定國生效，則須將「歐洲專利局」所核准的專利文件加以翻譯送交指定國，並且完成領證程序始於指定國生效，生效後之專利權的維護及無效程序屬於各個指定國所管轄。

EPC 簡化了歐洲地區在專利生效前的申請、審查及異議程序，建立了單一化的歐洲專利權授與程序。但歐洲專利權的授與程序並未取代各國的專利授與程序，所以專利申請人若欲在一個或多個 EPC 締約國取得專利保護，可以選擇透過向各別國家提出申請取得專利權得授與，亦可經由歐洲專利權的單一授與程序取得指定締約國的保護。

雖然歐洲專利在 EPC 的架構下，已經簡化了專利權的單一授與程序。但是取得專利權之後的權利執行與專利的無效程序仍繫屬於各別的成員國，因此專利權人將可能面臨各成員國對專利有效性及侵權判斷上的歧異。

為了使專利權人在整個歐洲的專利保護與爭議解決提供一種高經濟效益的選擇，歐盟於二〇二三年六月一日開始正式實施包括單一專利（Unitary Patent, 簡稱 UP）與單一專利法院（Unified Patent Court, 簡稱 UPC）的單一專利制度。單一專

---

註 7　智慧局，歐洲專利需知 - 申請人指南第一部分 2004 年 4 月（第十版）。
註 8　資料更新至 2023 年 9 月 6 日。

利制度的實施可以使專利權人在所有參與會員國取得相同之專利權保護，後續的專利爭議也可以有統一的判斷[註9]。截至二〇二三年七月二十四日，參與單一專利制度的歐盟會員國為 17 國[註10]。

以下為在歐洲取得一各別國家專利、歐洲專利及歐洲單一專利時，其專利權的有效領域範圍及專利權實施後的繫屬管轄法院之比較（圖 17-1）。

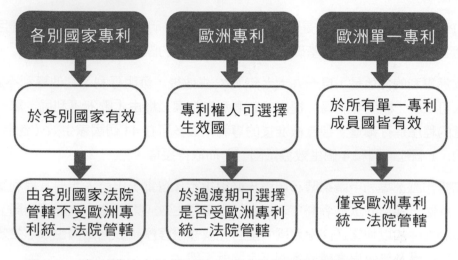

**圖 17-1** 專利權的有效領域範圍及實施後的繫屬管轄法院之比較

## 17-5 歐盟智慧財產局

「 歐 盟 智 慧 財 產 局 」（European Union Intellectual Property Office， 簡稱 EUIPO）成立於 1994 年，其的前身為「內部市場協調局」（Office for Harmonization in the Internal Market, 簡稱 OHIM）。

EUIPO 是主要負責辦理歐盟商標註冊案件和設計註冊案件的機構，並不受理發明、新型專利申請案。凡是經註冊的歐盟商標及設計專利在歐盟 27 個成員國皆有效。

---

註 9　https://www.epo.org/applying/european/unitary.html

註 10　https://www.epo.org/news-events/news/2023/20230724.html

　　EUIPO 在歐盟智慧財產網路（European Union Intellectual Property Network, EUIPN）（簡稱 EUIPN）的協助下整合並簡化了商標註冊案件及設計註冊案件的申請註冊程序，其一年約處理十三萬件歐盟商標註冊案件和十萬件設計註冊案件。

　　EUIPO 受理與專利有關的設計專利保護方式有兩種：

　　一為（Registered Community Design, 簡稱 RCD）採行註冊制，RCD 僅進行形式審查，可主張國際優先權，RCD 之專利權期限為自申請日起 5 年，期滿得要求延長，每一次延長為 5 年共可延長 4 次，最多延長為 25 年。

　　二為（Unregistered Community Designs, 簡稱 UCD）採行非註冊制，UCD 不須提交任何申請文件或費用，但其必要條件是必須在歐盟境內公開，於歐盟境外公開將不受到保護，RCD 之專利保護期為自公開日起算三年，且不得延長。

# 17-6　與貿易有關的智慧財產權協定

　　「**與貿易有關的智慧財產權協定**」（Agreement On Trade Related Aspects Of Intellectual Property Rights, 簡稱 TRIPs），係於一九九三年烏拉圭回合[11]結束時所簽署的，一九九一年一月生效，為成員國之間的商品貿易和技術貿易提供了保護智慧財產權的最低要求。

　　TRIPs 主要提出並重申保護智慧財產權的基本原則，包括國民待遇原則、保護公共秩序、社會公德、公眾健康原則、對權利合理限制原則、權利的地域性獨立原則、專利及商標申請的優先權原則、著作權自動保護原則、最惠國待遇原則、透明處理原則、爭端解決原則、對行政終局決定的司法審查及可上訴原則與承認智慧財產權為私權等原則。

　　TRIPs 將既有的智慧財產權國際公約分為三類：

　　第一類，要求全體成員必須遵守並執行的國際公約。這類國際公約共有四個，如「巴黎公約」、「伯恩公約」、「保護表演者、錄音製品製作者與廣播組織公約」，以及「積體電路智慧財產權條約」。

---

註 11　關稅與貿易總協定第八輪多邊貿易談判，從 1986 年 9 月開始啟動，到 1994 年 4 月簽署最終協定，共歷時近 8 年。這是關稅與貿易總協定的最後一次談判。因發動這輪談判的貿易部長會議在烏拉圭埃斯特角城舉行，故稱「烏拉圭回合」。參加這輪談判的國家，從最初的 103 個，到 1993 年底談判結束時有 117 個。http://zys.mofcom.gov.cn/article 200401/20040100172240_1.xml

第二類，要求全體成員按對等原則執行的國際公約。這類主要是「巴黎公約」的子公約。

第三類，非強制性的國際公約。凡是 TRIPs 未提及也不屬於上述兩類的國際公約，均不強制要求全體成員必須遵守並執行，主要有「世界著作權公約」、「錄音製品公約」等。

TRIPs 將智慧財產權分成工業產權和著作權兩大類，並從七個方面規範成員保護各類智慧財產權的最低要求，包括：(1) 著作權及其鄰接權；(2) 商標權；(3) 地理標誌；(4) 工業品外觀設計；(5) 專利權；(6) 積體電路的布圖設計；(7) 營業祕密等。

## 問題與思考

1. 試簡述何謂「保護工業產權巴黎公約」？
2. 試簡述何謂「世界智慧財產權組織」？
3. 試簡述何謂「專利合作條約」？
4. 試簡述何謂「歐洲專利公約」？
5. 試簡述何謂「歐盟智慧財產局」？
6. 試簡述何謂「與貿易有關的智慧財產權協定」？

Chapter

# *18* 企業創新與專利保護

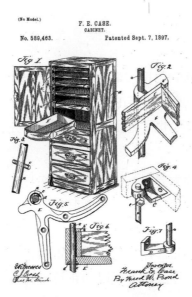

▲ US589463_1891 年獲准旋轉式
抽屜專利

# 18-1　造就發明浪潮的起因

除了在既有技術上的繼續研發，會產生一些新的專利技術之外，以下幾種情形也會刺激發明的產生，創造新的技術。如：(1) 新產品的誕生；(2) 法令的修改；(3) 重大事件的發生；(4) 標準化技術的產生。

## 一、新產品的誕生

以行動電話為例，由於行動電話的問世，個人的通訊習慣隨之改變，相關產業也隨之誕生，又如蘋果電腦的 MP3 隨身聽（iPod）造就周邊產業的發達，相應的創新產品不斷產生。相同地，專利技術也因應而生，凡能洞察先機者就可以在相關領域中先行布局。

以行動電話為例，在行動電話的本體上就有：無線通訊技術與相關協定、行動電話的按鍵布局、螢幕顯示功能、滑蓋設計、掀蓋啟動電源的設計、發光天線、隱藏式天線、結合多種功能的介面、多卡辨識方法與裝置、音樂播放儲存、錄放音技術、喇叭、數位相機的附加、影像壓縮傳輸、記憶體裝置、插卡及讀取裝置、手寫輸入裝置、地圖顯示定位及衛星導航等技術，可以創新及布局。

在行動電話的周邊上則有：連接器、充電器、行動電話螢幕保護貼紙、可互換的殼體、行動電話置放結構、耳機、麥克風、皮套、吊飾及來電顯示裝置等。

## 二、法令的修改

最為直接的例子是我國於民國八十六年一月二十二日修正道路交通管理處罰條例第 31 條規定：機器腳踏車駕駛人或附載座人未依規定戴安全帽者，處駕駛人新臺幣五百元罰鍰。此法一出有關安全帽的專利申請件數增為過去的三倍之多。法令所及，造成了不得不的需求，於是對於安全帽的外觀、通風、多功能、安全性及清潔等設計紛紛出籠，也造就安全帽產品的多樣性。

另一例子係國外法規的變化，也是值得相關產業留心注意，於九〇年代初期，美國開始重視汽車廢氣排放的問題，於是在環保法規中開始禁用對人體有害的物質，同時推動汽車觸媒轉換器的裝設，業者如能先行研發並運用專利制度保護技術，將來不只是開發費用的回收，更可能帶來龐大的權利金收益，惟類似法令的修改需要對市場經濟面及法律面做長期的觀察。

再舉一例，鉛對人體有害，而通常鉛是經由飲食或呼吸進入人體，只要通風及防護措施做好，工作場所使用鉛作業仍是安全的，但是對於廢棄物的處理，如印刷線路板在埋入地下後，其中所含的鉛可能會從電路板滲出進入地下水，進而汙染我們的飲用水。於是禁用有害物質，包括無鉛製程的導入，逐漸成了環保與產業所要關注的問題。

無鉛製程的導入最受影響的產業莫過於電子業，而電子業所用的鉛在人類鉛使用總量中僅所占比例甚小，但是電子業卻在國民生產毛額中占非常重要的比例，因此對電子工業限制用鉛必然會遭到阻力。但是就如同過去禁用石綿製品的例子，涉及環保的議題，產業終究要低頭。

歐盟於二○○三年二月公告了危害物質禁用指令（Restriction of Hazardous Substance，簡稱 RoHS），其中，限制鎘、鉛、汞、六價鉻及 PBB/PBDE 含鹵素耐燃劑等化學物質使用於電機電子設備上，也確定了無鉛政策，並要求各會員國在二○○四年八月十三日前完成相關立法，並於二○○六年七月開始全面執法[註1]。正因為關於無鉛焊料的研究尚不成熟，法令仍在推動中，更是相關業者可以投入技術開發的好時機。

## 三、重大事件的發生

於二○○三年間 SARS 風暴影響全球，造成恐慌，在相關的醫療及人體防護領域中包括口罩、耳溫槍、防護衣及隔離艙的相關專利申請案大幅提出。

## 四、標準化技術的產生

在通訊、資訊、數位資料存取的領域中，由於共通互換的需求，通常會出現某些必要的存取、溝通的方法。這些必要的存取、溝通的方法通常被掌握主要技術的廠商布局在先（通常以專利權或著作權方式大量申請、註冊予以先占），待技術及市場成熟，擁有主要技術的廠商即開始共構形成某種規格。一但規格形成，技術追隨的廠商為免於若入權利金的追索桎梏，也會在相關領域中改良、突破並大量申請專利，以期能以交互授權的方式降低權利金的支出。

---

註 1：　http://she.moeaidb.gov.tw/action/0609_ftis0301.htm

# 18-2 專利對於企業的重要性

　　企業生存必須創新，一家企業研發能力的強弱，將影響企業整體的競爭力，而研發團隊的創造力則與研發能力呈正相關。如何挖掘出優良或重要技術比解決專案中的除錯（debug）來的重要，但是在各個專案進度的壓力下，往往是被忽略的。

　　企業領導人或研發主管須有前瞻性的眼光，以及做長期技術投資的遠見，畢竟如專利權這樣的無形資產，通常在多年之後才會產生效益。一般而言，在技術被廣為使用或成為必要技術時才是收取專利權利金的成熟期。如果對於技術未能提早布局、及時申請取得保護，企業將淪為單純代工的角色，沒有自有技術必將喪失競爭能力，只能在低毛利的競價市場中載浮載沉。

　　對於企業而言，申請專利至少可達到以下的目的及效果。

1. 提升公司的創新風氣。
2. 利用專利防止他廠仿冒，獨占市場利潤。
3. 強化交互授權和降低權利金的籌碼，藉以取得新技術和防止訴訟。
4. 無形的廣告效應。
5. 造成恐怖平衡。

　　申請專利的費用雖然昂貴，但是就如同一場軍備競賽，不論是攻擊或防禦性的武器皆是必備的，專利就是技術市場上的軍備，可以抵禦外侮、談判協議甚至攻城掠地。以企業間的競爭為例，生產技術及業務能力至多是肉搏戰中的傳統武器，在毛利的百分之零點幾中斤斤計較，而專利則可能是巡弋飛彈，可以直搗黃龍，給予競爭對手致命的一擊。

# 18-3　專利與標準

專利制度與標準化兩者都具有注重公共利益的色彩。就專利制度而言，其目的除了保護研究發展的成果讓研發成本能夠回收之外，尚包括藉由技術公開以促進產業發展的公共目的。而標準化則是人類生活及大量生產的必然產物，標準化的結果為人類解決了許多溝通互動及生產使用的問題，對於工業的發展具有重大的貢獻。

可是，一旦專利權與技術標準相互結合所引發的效應，卻會造成產業上極大的震撼。從 USB、HDMI、1394、MP3、MPEG-2、MPEG-4、CD、DVD 播放技術及無線通訊中的 GSM、3G、4G 及 5G，無一不已成為了一種技術標準且技術先驅者早已在相關領域布建無數的專利，這類專利又稱為標準必要專利。換言之，為了滿足共通性只要產品符合技術標準就一定會侵害專利。

生產這些已經成為技術標準的相關產品的廠商，要不就是支付巨額的權利金，否則就只能自外於該相關市場之外，廠商所面臨的處境通常是依照世界大廠所開列的技術標準代工，賺取微薄的毛利，之後再成為擁有相關技術標準者的技術挾持對象，成為國際提款機。我國廠商無一不在為支付這些已經成為業界標準規格的專利權利金而傷透腦筋，甚至做些虧本生意，如光碟機[註2]產業。

在傳統產業中，產品與專利之間往往僅是相互對應的關係，專利對於技術的壟斷僅限於產品及其使用方式。然而，在網際網路發達的科技時代，一項技術標準不僅決定一家企業的發展，更可能決定一個行業的技術走向。尤其是資通訊產業，因為資訊與資料結構必須可互通互換，對於業界標準規格的採用有著不得不的苦衷。

此一緊箍咒並非永遠不能擺脫，而是必須付出代價，擺脫技術標準權利金追索的主要途徑有：(1) 在智慧財產權尤其是專利權上的投資，發展相關必要技術或業界標準規格的改良，對於日後專利談判時具有潛在的幫助，包括：a. 專利布局的嚇阻作用；b. 交互授權藉以取得技術或降低權利金數額；(2) 參與標準制定組織的運作及標準的制定，掌握先機將專利納入技術標準。參與標準制定組織除了經費之外，尚須擁有相關領域的技術或專利做後盾，一旦將自有專利技術納入技術標準之中，獲取高額權利金的地位終將主客易位。

---

註 2：　2004 年因為專利權利金的陰影加上價格的滑落，光碟機產業的毛利率不斷下跌，被業界戲稱為「光跌機」。

## 18-4 創新對企業之影響實例

以下舉兩個實例，分別為「勝家縫紉機的大起大落」與「蘋果電腦的再生」。

### 實際案例 01 勝家縫紉機的大起大落

美國勝家公司曾經是美國首家國際性企業，它所生產的勝家牌縫紉機曾是風靡世界的名牌產品，勝家公司也是首家以特許經營的方式進行為品銷售的企業，其影響所及在隨後的幾十年中，一些著名企業包括可口可樂、麥當勞、肯德基，皆採取特許經營的模式，而快速發展和擴張其事業版圖。

勝家公司在企業經營的模式上，引領全球，也創造極高的市場占有率，在一九四〇年世界上每 3 部縫紉機中就有 2 部是勝家縫紉機。然而，到了一九八六年，勝家公司暫時退出市場，不再引領風騷。

勝家牌縫紉機之所以會在市場上失敗的主因在於，勝家縫紉機在成功之後，對於傳統產品過分的依賴，固守著「品質第一」的觀念，而忽略了市場上的變化與技術的創新。

一直到一九八五年，勝家牌縫紉機所銷售的產品仍是十九世紀所設計的款式，而在同一時期，其他競爭者已紛紛開發出新的產品。例如日本廠商發展出「會發聲的」縫紉機，在操作失誤時會發出聲音提醒使用者；瑞典廠商發展出一種「微電腦」縫紉機，它可以根據布料特性，自動地選擇縫法、針腳長度及縫紉的鬆緊度等。

勝家牌縫紉機所帶給企業的重要啟示是：品質固然重要，但是創新與申請專利更重要。在缺乏創新的保守心態下，企業終將難逃被排除於市場之外的命運。

### 實際案例 02 蘋果電腦的再生

一九七六年，就在微軟公司成立的同一年，蘋果電腦公司（Apple Computer, Inc.）創始人賈伯斯，在自己的車庫開發出蘋果電腦原型機並開始銷售。到了一九八〇年代初期蘋果公司（Apple Inc.）上市，蘋果公司所推出的蘋果二號 Apple II 個人電腦機種風靡全球，即使是組裝廠也有高額的利潤，因此成為全球抄襲模仿的對象；一九八三年蘋果公司開始利用專利權對全球各地抄襲該公司產品的廠商，全面性的提起訴訟，捍衛蘋果公司的智慧財產權。

然而，在一九八一年就是蘋果二號（Apple II）推出市場的三年之後，資料處理設備製造業的最大廠商──國際商業機器公司（International Business Machine，簡稱 IBM），推出了與 Apple II 機種完全不同的個人電腦，也就是針對其採用英特爾的微

處理器及微軟 DOS 作業系統發展而成的個人電腦。與蘋果公司所不同的是，IBM 以收取專利權利金的方式，授權其他電腦廠商可自行採用英特爾微處理器、微軟 DOS 作業系統，進行製造、銷售及使用與 IBM 個人電腦完全相容的電腦或發展其技術。使得相關廠商可以在支付權利金的條件下繼續生產製造與 IBM 個人電腦完全相容的電腦。如此一來便將 IBM 個人電腦推升成為個人電腦的主流。

受到 IBM 此舉的影響，蘋果公司的 Apple II 機種因此一蹶不振，全球從此進入 IBM 個人電腦的時代，英特爾及微軟成為主宰 IBM 個人電腦時代的新盟主，蘋果公司雖然也推出個人電腦，但是蘋果公司在戴爾、惠普、東芝等競爭對手的擠壓下，生存空間日益萎縮。到了一九九七年初，蘋果公司的個人電腦市占率僅剩 3%。

但是蘋果公司的創新並未因此而停頓，二〇〇一年底的 iPod（圖 18-1）及二〇〇二年的 iMac 不斷的呈現出獨特的風格，且風靡一時，於二〇〇四年被票選為最具影響力的品牌[註3]，重新印證了創新對於企業的重要性。蘋果公司的不斷創新，更深耕於智慧型手機，到了二〇一七年其 iPhone 手機儘管其價格高昂卻仍取得市占率第一的地位，於二〇一七年第一季更拿下全球智慧手機整體營收市占過半的創舉。

圖 18-1　2005 年當紅的 iPod（資料來源：http://www.apple.com/ipod/）

# 18-5　專利侵權對企業之影響

以下舉兩個實例，有關專利侵權對企業之影響，分別為「柯達與寶麗來的專利侵權訴訟」與「Sony 震動把手」。

## 實際案例 01　柯達與寶麗來的專利侵權訴訟

一九九〇年柯達公司因製造及銷售侵害寶麗來拍立得相機系統專利的產品，美國法院判決柯達應賠償約九億一千萬美元（$909,457,567）定讞，另支付 1 億美元訴訟費用。柯達公司因此被迫關閉其投資十五億美元的廠房設備，解雇七百名員工，並耗資近五億美元回收已出售的十六項侵權產品。

柯達因為侵害寶麗來拍立得相機系統專利的產品，除了完全退出立即顯像相機市場外。寶麗來的七件專利總共造成柯達公司三十億美金的損失。

---

註 3：　於 2004 年線上雜誌 Brandchannel.com 根據經由將近 2,000 位廣告界高層、品牌經理以及學界人士的調查結果。

> **實際案例 02 Sony 震動把手**
>
> 　　二〇〇二年 Immersion 公司向微軟（Microsoft）及新力公司（Sony）提起專利侵權訴訟[註4]，微軟（Microsoft）於審判前與 Immersion 公司和解。新力公司未與 Immersion 公司和解，於二〇〇四年九月二十二日美國聯邦地方法院宣判，新力公司家用主機 PS（Pc Station）硬體、模擬控制器與發行的四十七款遊戲侵害軟體公司 Immersion 的專利權（圖 18-2），必須賠償八千二百萬美金（折合臺幣約為二十七億八千三百萬），該項專利所涉及的技術係有關於家庭遊戲機主機、手把及相關的遊戲設計，可用於感應遊戲使用者的力道決定遊戲中的力量變化。美國聯邦地方法院宣判後，勝訴的 Immersion 公司股價立刻上揚 6.5%。新力公司則表示將提起上訴。
>
>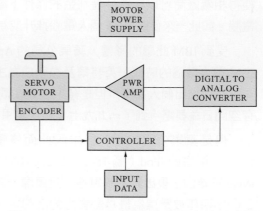
>
> 圖 18-2　Immersion 專利之主要方法示意圖

　　專利侵權對企業之影響小則賠款和解，大則關廠並退出相關市場，除了布建自有的專利之外，如何處理專利侵權訴訟，將是科技產業的另一重要課題。

# 18-6　企業內部之專利提案

　　一項技術的提出不論是研發人員（以下稱發明人）長期的研究所獲得的結果，或是在某一方案中突然的靈感，只要滿足專利要件，皆可受到專利的保護。將技術轉化為專利的重點在於：技術的表達與挖掘，技術上位化及其可能變化態樣的構思。

　　對於企業內部的發明人而言，提出或貢獻其特殊的技術方案，除非已形成企業文化的一部分且訂有完整的獎勵制度，否則在其心態上仍會認為是一種份外新增的工作。

　　按照我國專利法第七條第一項前段規定：「受僱人於職務上所完成之發明、新型或設計，其專利申請權及專利權屬於僱用人，僱用人應支付受僱人適當之報酬。」為此業界通常以發放獎金的方式鼓勵申請專利。有創新的誘因才有創新的可能。

註4：　美國第 5889672 號專利「Tactiley responsive user interface device and method therefor」。

　　在建構完整的獎勵制度後，對於提案技術本身的思考也是重要的課題，發明人提出一項技術方案也許已是既有的技術，也許可以衍生許多實施態樣，除了專利工程師的協助之外，提案文件的設計也有助於技術方案闡明。

　　提案文件至少需有下列項目：

1. 提案名稱資料（發明名稱、利用技術產品別）。
2. 發明人基本資料（中英文姓名、地址、電話、部門、工號或代碼）。
3. 簽名及簽核（發明人簽名、主管簽核）。
4. 發明內容（本發明的目的、過去技術及其缺點、本發明與既有技術的比較、本發明的變化）。

## 一、企業內部專利工程師的角色

　　企業內部專利工程師對於技術保護的重要性，就如同專利權對於企業的重要性一般，專利工程師經常性的業務包括專利技術的挖掘、競爭對手專利技術分布的監控、專利侵權案件中的專利技術分析、專利申請及專利權維護等。

　　專利技術的挖掘與專利申請係具連貫性的關係，一般而言，企業內部的專利產生皆有提案簽核過程，專利工程師在收到專利提案時，如何擴大提案技術的延伸性是首要課題。一件專利申請案若僅依提案發明人所提出的發明直接申請與經過擴大提案技術延伸性的申請案，兩者可能獲致不同的結果。

　　直接申請的案件若遭審查委員具體引證而初審核駁時，在延伸性不足的情況下，毫無退路，無可供修正或合併之申請專利範圍，將遭致不准專利的下場。

　　而一件經過專利工程師擴大提案技術延伸性的申請案，即使遭致初審核駁，仍可能由於附屬項的布局在限縮申請專利範圍的修正之後取得專利權。實務上，許多案件若依照專利提案的原始內容提出申請是無法取得專利的，反而是那些經過專利工程師細心布局的延伸變化或更佳的實施例取得了專利權。

## 二、企業內部專利提案及申請過程

　　專利的發明與創作須經由「人」加以完成，通常研發人員被視為主要的發明人或創作人，少數產業僱有大量的專利工程師，而該等專利工程師同時扮演研發與專利工程師的角色，可以提出更多的發明或創新的構想。

　　企業內部在產品走向與成本的考慮之下，通常會有提案審核的機制，如單位主管或研發主管的批准始同意提出申請。更進一步者，設有專利審查會議由資深研發人員或相關單位主管進行審核決定是否同意提出申請（圖 18-3）。

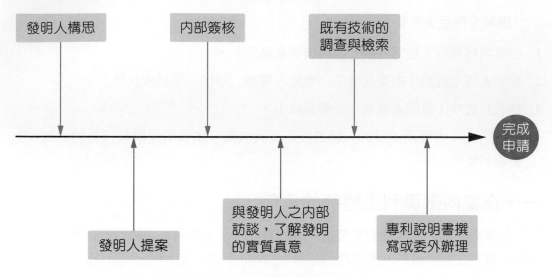

**圖 18-3**　企業內部專利申請流程

　　當研發人員提出一項創新的構想時，最好經由專利工程師進行技術的訪談，同時進行既有技術的調查與檢索，以免重複過去既有的技術，同時藉由訪談可探究發明或創新技術的真意，對於日後專利說明書的撰寫方向及內容更有實質的助益。

## 18-7　職務上的發明

　　可以為專利之發明人者係自然人，而可以為專利之申請人者包括自然人及法人，企業內部經由研發人員或相關技術部門人員利用企業資源所提出的專利申請案，依照員工與企業（雇用人）間所簽署的契約，通常約定申請權及專利權屬於企業（雇用人）[註5]。而且依照我國專利法第七條第一項規定：「受雇人於職務上所完成之發明、新型或設計，其專利申請權及專利權屬於雇用人，雇用人應支付受雇人適當之報酬。」但契約另有訂定者，從其約定。

---

註5：　通常會於入職時在智慧財產權的歸屬條款中約定。

## 一、中國大陸的規定

　　根據中國大陸專利法第十五條和有關規定：「被授予專利權的單位應當對職務發明創造的發明人或者設計人給予獎勵；發明創造專利實施後，根據其推廣應用的範圍和取得的經濟效益，對發明人或者設計人給予合理的報酬」。意即只要是職務上的發明或創作被授予專利，無論單位（雇用人）實施與否，其都應給發明人或創作人給予獎勵；若職務上的發明或創作已經實施者，則雇用人還應根據實施的範圍和取得的經濟效益，給發明人或創作人予以合理的報酬。

　　另中國大陸專利法實施細則第七十七條則規定：被授予專利權的單位未與發明人、設計人約定也未在其依法制定的規章制度中規定專利法第十六條規定的獎勵的方式和數額的，應當自專利權公告之日起 3 個月內發給發明人或者設計人獎金。一項發明專利的獎金最低不少於 3000 元；一項實用新型專利或者外觀設計專利的獎金最低不少於 1000 元。

　　由於發明人或者設計人的建議被其所屬單位採納而完成的發明創造，被授予專利權的單位應當從優發給獎金。

　　細則第七十八條則規定：「被授予專利權的單位未與發明人、設計人約定也未在其依法制定的規章制度中規定專利法第十六條規定的報酬的方式和數額的，在專利權有效期限內，實施發明創造專利後，每年應當從實施該項發明或者實用新型專利的營業利潤中提取不低於 2% 或者從實施該項外觀設計專利的營業利潤中提取不低於 0.2%，作為報酬給予發明人或者設計人，或者參照上述比例，給予發明人或者設計人一次性報酬；被授予專利權的單位許可其他單位或者個人實施其專利的，應當從收取的使用費中提取不低於 10%，作為報酬給予發明人或者設計人」。

　　雖然專利法規定，在雇用人支付適當之報酬時，受雇人於職務上所完成之發明、新型或設計，其專利申請權及專利權屬於雇用人，企業（雇用人）對於重要發明的「適當之報酬」仍應小心處理。以下列舉 2 則日本實際案例。

---

**實際案例 01**

　　二〇〇一年八月「藍光 LED」專利的發明人中村修二（以下稱中村先生）對其發明「藍光 LED」時的前僱主日亞化學工業公司（Nichia Corp.）就有關職務上發明之報酬合理性向法院提起訴訟，經日本東京地方法院判決中村先生勝訴，日亞化工需支付中村先生二百億日圓，作為其職務發明的合理的報酬。二〇〇五年一月十一日，日亞化學工業公司同意支付八億四千萬日元希望與中村先生達成庭外和解[註6]。

---

**實際案例 02**

　　日本最高法院於二〇〇三年四月二十二日判決，認為企業對於職務發明所支付獎勵金額，未達到「合理的報酬」之標準時，員工得提起訴訟請求企業支付不足額部分。

　　該案係有關奧林巴斯光學公司（Olympus Corp.）之離職員工田中俊平先生（下稱田中先生）於一九七七年發明錄影光碟（videodisk）讀取改良裝置並取得專利，而依據奧林巴斯光學公司的內部規定，員工職務上的發明之專利申請權及專利權均屬於該公司，且鼓勵的專利獎金以一百萬日圓為上限，故在計算後支付該員工約二十一萬臺幣獎金。田中先生於一九九四年離職，事後認為其專利權的市值約二十八億日圓，所得到的專利獎金無法達到該發明之「合理的報酬」，於是在一九九五年提起訴訟，請求奧林巴斯光學公司應支付該發明專利的「合理的報酬」之餘額。於日本法院第一審及第二審均認定奧林巴斯光學公司因為該發明專利所獲利益約五千萬日圓，而田中先生的貢獻度以 5% 計算，則對價應為二百五十萬日圓，故專利獎金並未達到「合理的報酬」，奧林巴斯光學公司應給付扣除已支付的專利金之餘額約二百二十八萬日圓。最高法院亦支持第一、二審法院上述判決結果，而駁回奧林巴斯光學公司之上訴。

---

　　因此，企業主應當了解此種情勢對職務發明之報酬支付不甚滿意的受雇人起了某種激勵的作用，亦即利用法律訴訟途徑，爭取合理報酬。

　　當然，前述之日本案例並不表示一旦公司員工提出專利申請企業就必須支付大筆的報酬，而是當企業因該等專利授權或實施而獲重大利益時，「合理的報酬」才將被重新檢視。

---

註6：　現任美國加州大學聖巴巴拉分校教授的中村先生指出，雖然這項發明是他在日亞任職期間所完成的，但過程中沒有受到公司的指導，完全是他自己所創造發明的成果。

## 二、日本專利法的特殊規定

前述之日本案例也未必能適用於其他國家或地區，因為日本專利法就職場上發明的規定係認為職務上發明之專利權是屬於受雇人的。雇用人雖得無償使用，但若欲取專用實施權或繼受專利權則需支付合理的報酬。例如其修正前專利法三十五條有相關規定，如該條第三項規定：當雇用人經由僱傭契約、相關的僱傭規則，受讓自受雇人之發明所取得的專利申請權、專利權、或專屬實施權後，讓與該權利的受雇人有權向雇用人要求合理的報酬；第四項規定：在確定第三項受雇人所要求之報酬額時，必須考慮雇用人經由該發明所得到的利益，以及雇用人對該發明所做出的貢獻程度。因此日本的職務上之發明人如中村等得以「沒有合理的報酬」為由提起訴訟，其他國家或地區的專利法中因職務上發明之權力歸屬及專屬實施與否不同，故並無此一規定[註7]。

### 問題與思考

1. 造就發明浪潮的起因有哪些？
2. 企業擺脫技術標準權利金追索的主要途徑為何？
3. 試以表格設計一份專利提案文件。
4. 我國專利法第七條第一項對於職務上的發明規定為何？

---

註7： 為此，日本企業界要求刪除該項應支付合理的報酬的專利法條文。

# 第一章　課後練習

班級：＿＿＿＿＿＿　　學號：＿＿＿＿＿＿　　姓名：＿＿＿＿＿＿

（　　）1. 西元一四七四年第一部專利法在歐洲的何處誕生？
(1) 倫敦　(2) 威尼斯　(3) 柏林　(4) 以上皆非。

（　　）2. 現代專利制度的意義係經由國家以法律為手段授與發明人什麼權利？
(1) 壟斷權　(2) 實施權　(3) 排他權　(4) 以上皆非。

（　　）3. 下列申請專利內容何者非屬新型專利所保護的標的？
(1) 物品的形狀　(2) 製造物品的方法　(3) 物品的構造　(4) 以上皆非。

（　　）4. 下列創作何者可以申請我國設計專利？
(1) 部分設計　(2) 電腦圖像　(3) 使用者圖形介面　(4) 以上皆是。

（　　）5. 依我國專利法規定下列何種專利申請案是採形式審查？
(1) 發明專利　(2) 新型專利　(3) 設計專利　(4) 以上皆是。

（　　）6. 下列何者為專利權的主要特性？
(1) 法律審查　(2) 地域性　(3) 時效性　(4) 以上皆是。

（　　）7. 下列何者可以為專利申請人？
(1) 公司　(2) 學校　(3) 個人　(4) 以上皆是。

（　　）8. 下列何者可以是發明人？
(1) 公司　(2) 老師　(3) 學校　(4) 以上皆是。

（　　）9. 下列何者非私法人？
(1) 農田水利會　(2) 工會　(3) 農會　(4) 以上皆是。

（　　）10. 關於職務上發明除契約另有約定外下列何者正確？
(1) 專利申請權屬於創作人　(2) 專利申請權屬於僱用人
(3) 專利申請權屬於社會　(4) 以上皆非。

（　　）11. 下列何者為專利權的起算日？
(1) 發明日　(2) 申請日　(3) 公告日　(4) 以上皆非。

（請沿虛線撕下）

（　　　）12. 關於美國專利權之效力下列敘述何者正確？
(1) 世界有效　(2) 美洲有效　(3) 美國有效　(4) 以上皆非。

# 第二章　課後練習

班級：＿＿＿＿＿＿　　學號：＿＿＿＿＿＿　　姓名：＿＿＿＿＿＿

（　　）1. 在本國無住所或營業處所的外國人或企業應如何在我國申請專利？
(1) 可以自行辦理　(2) 應委任代理人辦理
(3) 應委託學校辦理　(4) 以上皆非。

（　　）2. 大陸地區人民在我國申請專利下列敘述何者正確？
(1) 可以自行辦理　(2) 應委任代理人辦理
(3) 應委託學校辦理　(4) 以上皆非。

（　　）3. 學校應如何在我國申請專利？
(1) 自行辦理　(2) 委任代理人辦理　(3) 以上皆可　(4) 以上皆非。

（　　）4. 下列何者為我國專利法所規定<u>不予</u>發明專利的標的？
(1) 新品種的貓　(2) 新品種的玫瑰花
(3) 打麻將的方法　(4) 以上皆是。

（　　）5. 下列何者為我國專利法所規定<u>不予</u>新型專利的標的？
(1) 打麻將的方法　(2) 麻將　(3) 象棋　(4) 以上皆是。

（　　）6. 下列何者為我國專利法所規定<u>不予</u>設計專利的標的？
(1) 一幅油畫　(2) 雕刻品　(3) 國徽　(4) 以上皆是。

（　　）7. 下列何者不能受到專利的保護？
(1) 燙頭髮的方法　(2) 開心臟的手術方法
(3) 把脈的方法　(4) 以上皆是。

（　　）8. 關於我國發明專利之專利權期限下列何者正確？
(1) 十年　(2) 十七年　(3) 二十年　(4) 以上皆非。

（　　）9. 關於我國新型專利之專利權期限下列何者正確？
(1) 十年　(2) 十五年　(3) 六年　(4) 以上皆非。

( 　　　) 10. 依我國 107 年施行之專利法規定關於設計專利之專利權期限下列何者
正確？
(1) 十年　(2) 十二年　(3) 二十年　(4) 以上皆非。

# 第三章　課後練習

班級：＿＿＿＿＿＿＿　　學號：＿＿＿＿＿＿＿　　姓名：＿＿＿＿＿＿＿

---

（　　）1. 下列何者為在我國專利申請時的必要文件？

(1) 申請規費　(2) 申請書　(3) 專利說明書　(4) 以上皆是。

（　　）2. 下列何者非屬專利申請日的意義？

(1) 主張優先權的起算日　(2) 新穎性寬限期的起算日

(3) 真正發明之日　(4) 發明早期公開的計算起算日。

（　　）3. 下列何者為專利說明書中「摘要」記載的內容？

(1) 發明或新型所揭露內容之概要　(2) 所欲解決之技術問題

(3) 解決問題之技術手段　(4) 以上皆是。

（　　）4. 依我國專利法施行細則之規定發明或新型之圖式應如何繪製？

(1) 以手畫方式　(2) 動畫方式

(3) 參照工程製圖方法繪製　(4) 漫畫方式。

（　　）5. 設計專利之圖式可為何種圖式？

(1) 立體圖　(2) 側視圖　(3) 平面圖　(4) 以上皆是。

# 第四章　課後練習

班級：＿＿＿＿＿＿＿　　學號：＿＿＿＿＿＿＿　　姓名：＿＿＿＿＿＿＿

（　　）1. 下列何者為撰寫專利說明書過程中的原則？
(1) 標的明確　(2) 內容一致　(3) 用詞精準　(4) 以上皆是。

（　　）2. 下列對於專利範圍之描述何者正確？
(1) 文字愈少範圍愈大　(2) 文字愈多限制條件愈少
(3) 是隨著專利說明書一起誕生的　(4) 有地域限界的意義。

（　　）3. 下列何者為申請專利範圍中「過渡片語」的記載形式？
(1) 開放式　(2) 中間式　(3) 封閉式　(4) 以上皆是。

（　　）4. 下列何者為申請專利範圍的撰寫格式？
(1) 單句式　(2) 多段式　(3) 吉普森式　(4) 以上皆是。

（　　）5. 「consist of」是申請專利範圍中過渡片語的何種格式？
(1) 開放式　(2) 中間式　(3) 封閉式　(4) 以上皆是。

（　　）6. 以下何者非申請專利範圍的類型？
(1) 獨立項　(2) 附屬項　(3) 分散項　(4) 以上皆是。

（　　）7. 關於申請專利範圍的描述下列何者正確？
(1) 獨立項是獨立的權利　(2) 附屬項是獨立的權利
(3) 獨立項的範圍大於附屬項　(4) 以上皆是。

（　　）8. 以下何者非申請專利範圍的記載形式？
(1) 獨立記載形式　(2) 隨意記載形式
(3) 引用記載形式　(4) 以上皆是。

（　　）9. 關於申請專利範圍附屬項之引用記載形式下列敘述何者正確？
(1) 進一步之界定　(2) 新增構成　(3) 多項附屬方式　(4) 以上皆是。

（　　）10. 以吉普森式撰寫之申請專利範圍，在其特徵之前的部分稱為什麼？
(1) 過去　(2) 前言　(3) 習知　(4) 以上皆非。

# 第五章　課後練習

班級：＿＿＿＿＿＿　　學號：＿＿＿＿＿＿　　姓名：＿＿＿＿＿＿

（　　）1. 專利制度中的優先權是源自於哪的公約？
(1) 保護工業產權巴黎公約　(2) 歐盟專利公約
(3) 世界標準公約　(4) 以上皆非。

（　　）2. 關於優先權之描述下列何者正確？
(1) 在向美國或德國提出申請的十二個月內向我國提出申請，只可主張美國之申請日為優先權日
(2) 在向美國或德國提出申請的十二個月內向我國提出申請，只可主張德國之申請日為優先權日
(3) 在向美國或德國提出申請的十二個月內向我國提出申請，皆可主張以美國或德國之申請日為優先權日
(4) 以上皆非。

（　　）3. 目前台灣與大陸間關於專利申請案優先權的主張下列敘述何者正確？
(1) 臺灣申請案向大陸提出優先權的主張不被受理
(2) 大陸申請案向台灣提出優先權的主張不被受理
(3) 臺灣與大陸相互承認優先權主張
(4) 以上皆非。

（　　）4. 專利申請案之優先權可分為哪幾種？
(1) 國內優先權及外國優先權　(2) 美國優先權及國內優先權
(3) 內省優先權及外省優先權　(4) 以上皆是。

（　　）5. 下列何者為專利申請案申請國內優先權的必要條件？
(1) 後申請案應於期限內提出
(2) 先申請案在後申請案的申請日前尚未審定
(3) 先申請案在國內係第一次申請且先申請案未曾主張國際優先權或國內優先權
(4) 以上皆是。

（請沿虛線撕下）

（　）6. 關於專利申請案申請主張外國優先權的條件下列敘述何者為非？
(1) 發明及新型申請案為先申請案申請之日起十個月內提出
(2) 先申請案在外國是第一次申請
(3) 先申請案係在 WTO 締約國提出
(4) 先申請案係在與我國有優先權互惠的國家提出。

（　）7. 在先發明原則下專利權之歸屬下列敘述何者正確？
(1) 專利權屬於國家的　(2) 專利權屬於先申請者
(3) 專利權屬於先發明者　(4) 以上皆非。

（　）8. 專利法對於先後申請之同一發明或創作的處理方式下列敘述何者正確？
(1) 只核准最先申請的專利案　(2) 只核准最後申請的專利案
(3) 同時核准各申請案　(4) 以上皆非。

（　）9. 對於已經提出專利申請而在未公開前撤回的案件下列敘述何者正確？
(1) 將喪失先申請的地位
(2) 在其後所申請的相同發明或創作仍可獲准
(3) 後案不會被擬制喪失其新穎性
(4) 以上皆是。

（　）10. 對於發明專利權人為非發明專利申請權人之舉發案件若舉發成立下列敘述何者正確？
(1) 該舉發案無效　(2) 該申請案重新公告
(3) 該被舉發案無效　(4) 以上皆非。

# 第六章　課後練習

班級：＿＿＿＿＿＿　　學號：＿＿＿＿＿＿　　姓名：＿＿＿＿＿＿

（　　）1. 於檢索欄位鍵入 Comput$ 可能檢索出哪些文字？

(1) compute　(2) computing　(3) computers　(4) 以上皆是。

（　　）2. 於檢索欄位鍵入 $computer 可能檢索出哪些文字？

(1) microcomputer　(2) minicomputer

(3) supercompute　(4) 以上皆是。

（　　）3. 於檢索欄位鍵入之「$」符號稱為什麼符號？

(1) 金錢符號　(2) 切截符號　(3) 美金單位　(4) 以上皆非。

（　　）4. 於中華民國專利資料庫中對專利審查公開資訊查詢進行檢所可查詢到那些結果？

(1) 所有已公開且未發出第一次審查意見之發明專利申請案件

(2) 發明專利申請案件進入再審查程序之再審查歷程資料

(3) 已公告之新型案件

(4) 以上皆是。

（　　）5. 下列哪些資料庫可進行專利檢索？

(1) Google　(2) Delphion　(3) WIPS　(4) 以上皆是。

（　　）6. 下列何者為專利檢索的功能？

(1) 降低侵權風險　(2) 檢視競爭對手的技術發展

(3) 避免重覆研發　(4) 以上皆是。

（　　）7. 國際專利分類表共分為幾個部（section）？

(1) 七個　(2) 八個　(3) 九個　(4) 十個。

（　　）8. 以下何為進行專利資料檢索時機？

(1) 遇有專利訴訟時　(2) 欲取得專利授權或技術引進

(3) 專利申請前　(4) 以上皆是。

(　　) 9. 以下布林邏輯運算字元意義何者正確？

(1) AND＝差集　(2) OR＝交集　(3) NOT＝聯集　(4) 以上皆非。

(　　) 10. TWI597039B 意義何者正確？

(1) 臺灣發明公告號　(2) 臺灣新型申請號

(3) 臺灣發明公開號　(4) 臺灣發明申請號。

# 第七章　課後練習

班級：＿＿＿＿＿＿　　學號：＿＿＿＿＿＿　　姓名：＿＿＿＿＿＿

（　　）1. 下列何者非屬專利三要件？
(1) 著名性　(2) 新穎性　(3) 進步性　(4) 產業利用性。

（　　）2. 關於專利審查邏輯順序其最先審查要件為何？
(1) 新穎性　(2) 著名性　(3) 產業利用性　(4) 進步性。

（　　）3. 於美國判例中下列何者為不具實用性？
(1) 不能產出具體產品者　(2) 違背科學原理者
(3) 未能達到預期效果者　(4) 以上皆是。

（　　）4. 關於專利要件中的新穎性下列敘述何者正確？
(1) 採相對新穎性　(2) 只採認本國的公開文件
(3) 不採認大陸的公開文件　(4) 以上皆非。

（　　）5. 關於專利要件中新穎性的比對方式下列敘述何者正確？
(1) 一發明只與單一文件比對
(2) 一發明可以與多份專利公開文件比對
(3) 一發明可以與一份專利文件與一書籍內容組合比對
(4) 以上皆非。

（　　）6. 下列何者非其他國家之進步性用語？
(1) 創造性　(2) 突出性　(3) 非顯而易知性　(4) 以上皆非。

（　　）7. 我國導入發明早期公開制度規定發明申請案於申請後幾個月依法公開？
(1) 十個月　(2) 十二個月　(3) 十六個月　(4) 十八個月。

（　　）8. 依我國現行專利法規定新型專利採何種審查方式？
(1) 實質審查制　(2) 形式審查制　(3) 新穎性審查制　(4) 以上皆非。

（請沿虛線撕下）

（　　）9. 依我國現行專利法規定發明專利採何種審查方式？

(1) 形式審查制　(2) 依職權進行審查制

(3) 請求審查制　(4) 以上皆非。

（　　）10. 依我國現行專利法規定設計專利採何種審查方式？

(1) 形式審查制　(2) 依職權進行審查制

(3) 請求審查制　(4) 以上皆非。

# 第九章　課後練習

班級：＿＿＿＿＿＿　　學號：＿＿＿＿＿＿　　姓名：＿＿＿＿＿＿

（　　）1. 依我國專利法規定國內申請案之初審申復期限通常為幾天？
(1) 十五天　(2) 二十天　(3) 三十天　(4) 六十天。

（　　）2. 於申復時申復理由書應記載內容下列敘述何者正確？
(1) 回應之發文文號　(2) 分析核駁理由之誤解之處
(3) 綜合意見與結論　(4) 以上皆是。

（　　）3. 依我國現行專利法之規定欲撤銷已經核准之專利權的程序稱之為何？
(1) 異議　(2) 反對　(3) 舉發　(4) 以上皆非。

（　　）4. 可提起舉發之事由下列敘述何者正確？
(1) 係爭專利不符專利的定義　(2) 係爭專利不符專利實質三要件
(3) 係爭專利之專利說明書內容未充分揭露　(4) 以上皆是。

（　　）5. 關於「證據能力」中的「能力」下列敘述何者正確？
(1) 是指條件或資格　(2) 是指強度　(3) 是指範圍　(4) 以上皆非。

# 第十章　課後練習

班級：＿＿＿＿＿＿　　學號：＿＿＿＿＿＿　　姓名：＿＿＿＿＿＿

---

（　　）1. 關於專利之申請及其他程序之期間的計算，下列敘述何者正確？

(1) 以書面提出者，應以書件到達專利專責機關之日為準

(2) 如係郵寄者，以郵寄地郵戳所載日期為準

(3) 期間以日、星期、月或年計算者，其始日不計算在內

(4) 以上皆是。

（　　）2. 我國行政訴訟及訴願關於期限之遵行，下列敘述何者正確？

(1) 是採「到達主義」　　(2) 是採「郵寄主義」

(3) 是採「任意主義」　　(4) 以上皆非。

（　　）3. 依我國現行專利法規定關於專利權開始日，下列敘述何者正確？

(1) 公開之日起　　(2) 申請之日起

(3) 公告之日起　　(4) 繳納年費之日起。

（　　）4. 依我國現行專利法規定關於專利權人請求損害賠償之期限，下列敘述何者正確？

(1) 自請求權人知有行為及賠償義務人時起二年間不行使而消滅

(2) 自請求權人知有行為及賠償義務人時起三年間不行使而消滅

(3) 自請求權人知有行為及賠償義務人時起五年間不行使而消滅

(4) 以上皆非。

（　　）5. 依我國現行專利法規定專利之有期限屆滿後，下列敘述何者正確？

(1) 專利權屬於國家的

(2) 該專利技術任何人皆可無償使用

(3) 該專利技術只有學校可以無償使用

(4) 以上皆非。

# 第十一章　課後練習

班級：＿＿＿＿＿＿　　學號：＿＿＿＿＿＿　　姓名：＿＿＿＿＿＿

（　　）1. 關於專利權的真正意義下列敘述何者正確？
(1) 是一種優先實施權　(2) 是一種專有排他權
(3) 是一種商標標示權　(4) 是一種優先銷售權。

（　　）2. 基礎型專利與改良型專利之間的關係，下列敘述何者正確？
(1) 改良型專利受制於基礎型專利
(2) 改良型專利範圍大於基礎型專利
(3) 基礎型專利可以實施改良型專利
(4) 以上皆非。

（　　）3. 關於物之發明的實施，下列敘述何者正確？
(1) 製造該發明之物　(2) 銷售該發明之物
(3) 使用該發明之物　(4) 以上皆是。

（　　）4. 關於專利權之專屬授權，下列敘述何者正確？
(1) 專利權屬於被授權人
(2) 僅有被授權人可以實施該專利權
(3) 專利權人仍可再授權他人實施該專利權
(4) 以上皆非。

（　　）5. 關於專利權之非專屬授權，下列敘述何者正確？
(1) 專利權屬於被授權者
(2) 專利權人不得實施該專利權
(3) 專利權人仍可實施該專利權
(4) 以上皆非。

（　　）6. 關於專利聯盟，下列敘述何者正確？
(1) 可有助於散布技術　(2) 可降低產品價格
(3) 可降低訴訟成本　(4) 以上皆是。

(　　) 7. 關於專利強制授權，下列敘述何者正確？

(1) 是專利權人自由意志下的行為

(2) 是藉由國家的強制力強制性地授權給第三人

(3) 專利權人不得實施該專利權

(4) 以上皆非。

(　　) 8. 關於專利權人申請廢止強制授權的條件，下列敘述何者正確？

(1) 作成強制授權之事實變更，致無強制授權之必要

(2) 被授權人未依授權之內容適當實施

(3) 被授權人未依專利專責機關之審定支付補償金

(4) 以上皆是。

# 第十二章　課後練習

班級：＿＿＿＿＿＿　　學號：＿＿＿＿＿＿　　姓名：＿＿＿＿＿＿

---

（　　）1. 關於專利侵權的要件下列敘述何者正確？
(1) 有效的專利權　　(2) 有專利侵害的行為事實
(3) 侵權人有故意或過失　　(4) 以上皆是。

（　　）2. 若要在臺灣行使專利權下列條件何者正確？
(1) 需要在美國有效的專利權　　(2) 需要在中國有效的專利權
(3) 需要在台灣有效的專利權　　(4) 以上皆是。

（　　）3. 若不知道所販賣的物品已落入他人有效之專利範圍時，下列敘述何者
正確？
(1) 因為不知所以不構成侵權
(2) 屬於過失仍構成侵權
(3) 不知者無罪
(4) 以上皆非。

（　　）4. 美國專利法第 284 條關於法院認定構成專利侵害後之判賠規定，下列
敘述何者正確？
(1) 應判給請求人適當的損害賠償金額
(2) 法院可將所認定賠償金提高到三倍
(3) 可另判給請求人利息及訴訟費用
(4) 以上皆是。

（　　）5. 依我國專利法規定製造方法專利受到侵害時之舉證責任，下列敘述何
者正確？
(1) 舉證責任方法專利權人與被控侵權人各半
(2) 不侵權之舉證責任在方法專利權人
(3) 不侵權之舉證責任在被控侵權人
(4) 以上皆非。

（　　）6. 關於專利侵害的比對對象，下列敘述何者正確？
   (1) 被控侵權物或方法與專利權的權利範圍進行比對
   (2) 專利權人的專利物品或方法與被控侵權物品或方法比對
   (3) 專利權人的專利範圍與被控侵權人的專利範圍相比對
   (4) 以上皆是。

（　　）7. 以下專利侵權比對結果何者不侵權？
   (1) 被控侵權物增加五個元件
   (2) 被控侵權方法增加一個步驟
   (3) 被控侵權物缺少二個元件
   (4) 以上皆非。

（　　）8. 若被控侵權物完全地對應申請專利範圍的每一元件及限制條件時，下列敘述何者正確？
   (1) 被控侵權物構成文義侵權
   (2) 被控侵權物構成均等侵害
   (3) 被控侵權物不構成侵權
   (4) 以上皆非。

（　　）9. 若兩個裝置達成相同的功能，基本上又以相同的方式達到相同的結果，則就兩個裝置之認定，下列敘述何者正確？
   (1) 這兩個裝置被認定為相同物
   (2) 這兩個裝置被認定為均等物
   (3) 這兩個裝置被認定為上下概念之物
   (4) 以上皆非。

（　　）10. 下列何者屬於美國法對於專利侵權區分的態樣？
   (1) 直接侵權　　(2) 引誘侵權　　(3) 幫助侵權　　(4) 以上皆是。

# 第十三章　課後練習

班級：＿＿＿＿＿＿　　學號：＿＿＿＿＿＿　　姓名：＿＿＿＿＿＿

（　　）1. 下列何種原則是被控侵權人可主張之不侵權抗辯？
(1) 禁反言　(2) 揭露奉獻　(3) 權利耗盡　(4) 以上皆是。

（　　）2. 臨時由國境經過之交通工具如航空器、船舶本身，若未經同意而使用了他人的專利，下列敘述何者正確？
(1) 仍屬侵權行為　(2) 屬侵權行為的例外
(3) 為故意侵權行為　(4) 以上皆非。

（　　）3. 關於善意實施不視為侵權行為，下列敘述何者正確？
(1) 因該專利權無效　(2) 為懲罰專利權人未繳年費
(3) 是基於信賴保護原則　(4) 以上皆非。

（　　）4. 關於科學研究或非出於商業目的之未公開行為，下列敘述何者正確？
(1) 為專利權效力所不及　(2) 仍屬侵權行為
(3) 為故意侵權行為　(4) 以上皆非。

（　　）5. 經專利權人同意所製造之專利物販賣後，下列敘述何者正確？
(1) 再販賣該物者不侵權　(2) 該專利權已權利耗盡
(3) 再使用該物者不侵權　(4) 以上皆是。

（　　）6. 依我國專利法規定專利權人之專利權若受侵害，自請求權人知有行為及賠償義務人時起，幾年期間內不行使而消滅？
(1) 1 年　(2) 2 年　(3) 3 年　(4) 4 年。

（　　）7. 在美國的侵權訴訟實務中若被告所提起之默示授權抗辯被法院採認時，下列敘述何者正確？
(1) 原告專利權無效
(2) 原告行使專利權被法院阻卻
(3) 原告勝訴
(4) 以上皆非。

（　　）8. 在美國的侵權訴訟實務中若被法院認定為專利權濫用，下列敘述何者正確？

(1) 涉訟專利權自始無效

(2) 涉訟專利權可以執行

(3) 涉訟專利權被淨化後恢復權利

(4) 以上皆非。

（　　）9. 關於專利迴避設計的方法，下列敘述何者正確？

(1) 構件數量的減少　　(2) 相對關係的改變

(3) 習知技術的利用　　(4) 以上皆是。

（　　）10. 關於專利迴避設計的功能，下列敘述何者正確？

(1) 避免侵害既有專利

(2) 迴避結果亦可取得另一項專利權

(3) 可檢視申請專利範圍的寬廣度與周密性

(4) 以上皆是。

# 第十四、十五章　課後練習

班級：＿＿＿＿＿＿　　學號：＿＿＿＿＿＿　　姓名：＿＿＿＿＿＿

（　　）1. 標示專利號數的意義，下列敘述何者<u>有誤</u>？
(1) 美觀　(2) 強調功能獨特　(3) 免除將來舉證則責任　(4) 以上皆是。

（　　）2. 依現行法規定關於侵害專利權，下列敘述何者正確？
(1) 有刑事責任　(2) 有民事責任
(3) 由民事法院作出第二審民事訴訟判　(4) 以上皆非。

（　　）3. 可口可樂的配方是以何種方式進行保護？
(1) 以專利權保護　(2) 以商標權保護
(3) 以營業秘密保護　(4) 以上皆非。

（　　）4. 關於營業秘密的保護期限，下列敘述何者正確？
(1) 十五年　(2) 二十年　(3) 無一定期限　(4) 以上皆非。

（　　）5. 關於設計專利與著作權之區別，下列敘述何者正確？
(1) 皆須具備新穎性　(2) 皆須經由法律審查
(3) 皆有法定保護期限　(4) 以上皆非。

# 第十六章　課後練習

班級：_____　　學號：_____　　姓名：_____

（　　）1. 下列何者為美國專利案申請態樣？
(1) 暫時申請案　(2) 部分繼續申請案　(3) 分割案　(4) 以上皆是。

（　　）2. 關於美國專利案因申請行為造成的失權，下列敘述何者正確？
(1) 在國外公開一年內提出申請
(2) 發明人放棄其發明
(3) 發明人超過三人
(4) 以上皆非。

（　　）3. 關於專利權之授予曾採「先發明原則」的國家，下列敘述何者正確？
(1) 美國及臺灣　(2) 中國及臺灣　(3) 美國及菲律賓　(4) 以上皆是。

（　　）4. 向美國國際貿易委員會 (ITC) 起訴的條件，下列敘述何者正確？
(1) 有效且可執行的外國專利權
(2) 侵害外國產業的證明
(3) 侵害加州產業的證明
(4) 以上皆非。

（　　）5. 美國國際貿易委員會 (ITC) 起訴之案件其調查期間，下列敘述何者正確？
(1) 必須在十二個月內完成
(2) 最長不超過二十個月
(3) 沒有期限
(4) 以上皆非。

# 第十七章　課後練習

班級：＿＿＿＿＿＿　　學號：＿＿＿＿＿＿　　姓名：＿＿＿＿＿＿

━━━━━━━━━━━━━━━━━━━━━━━━━━━━

（　　）1. 關於「TRIPS」之全名為，下列敘述何者正確？
(1) 與旅遊有關的國際協定　(2) 與貿易有關的智慧財產權協定
(3) 與貿易有關的關稅協定　(4) 以上皆非。

（　　）2. 關於「巴黎公約」之全名為，下列敘述何者正確？
(1) 保護工業產權的巴黎公約　(2) 保護工業產權的國際公約
(3) 保護巴黎產權的國際公約　(4) 以上皆非。

（　　）3. 關於專利合作條約（PCT），下列敘述何者正確？
(1) PCT 並不對專利授權　(2) 臺灣是 PCT 成員之一
(3) 美國不是 PCT 成員之一　(4) 以上皆是。

（　　）4. 關於專利合作條約（PCT）的主要功能，下列敘述何者正確？
(1) 建立一種國際申請的體系可以利用單一語言提出專利申請
(2) 可以單一個受理局對國際申請進行形式審查
(3) 對申請案進行國際檢索並出具檢索報告
(4) 以上皆是。

（　　）5. 關於世界貿易組織（WTO）的主要職能，下列敘述何者正確？
(1) 負責多邊貿易協定的實施
(2) 提供成員多邊貿易談判的場所
(3) 具有解決多邊貿易爭端的機制
(4) 以上皆是。

# 第十八章　課後練習

班級：＿＿＿＿＿＿　學號：＿＿＿＿＿＿　姓名：＿＿＿＿＿＿

（　　）1. 關於刺激發明的產生與創造新技術之因素，下列敘述何者正確？
(1) 新產品的誕生
(2) 法令的修改
(3) 標準化技術的產生
(4) 以上皆是。

（　　）2. 對於企業而言申請專利可達到的目的及效果，下列敘述何者正確？
(1) 提升公司的創新風氣
(2) 強化交互授權和降低權利金的籌碼
(3) 造成恐怖平衡
(4) 以上皆是。

（　　）3. 下列何者非屬產業標準？
(1) HDMI　　(2) 1395　　(3) MP3　　(4) 4G。

（　　）4. 關於蘋果電腦在戴爾、惠普、東芝等多家廠商的擠壓後的作為，下列敘述何者正確？
(1) 蘋果電腦從此絕跡
(2) 蘋果電腦不斷創新再創佳績
(3) 蘋果電腦賣給惠普公司
(4) 以上皆非。

（　　）5. 關於職務上發明，下列敘述何者正確？
(1) 專利權屬於發明人的
(2) 公司應支付發明人適當之報酬
(3) 專利權為發明人與公司所共有
(4) 以上皆非。

# 109年 高考歷屆試題精選

（ ）1. 下列各項與專利權有關之重要制度與原則，何者在巴黎公約中沒有規定？
(A) 優先權制度。　(B) 國民待遇原則。
(C) 獨立性原則。　(D) 最惠國待遇原則。

（ ）2. 關於巴黎公約之規定，下列敘述，何者正確？
(A) 專利應包括各同盟國法律所承認之各種工業專利，例如輸出專利、改良專利、追加專利及證明等。
(B) 新型申請案不可據發明專利之申請案主張優先權。
(C) 因主張優先權而取得專利權者，於同盟國內，得享有之專利權期間應與未主張優先權之專利權期間同。
(D) 物品專利或製法專利，得因其物品或其製成之物品係國內法所限制販售為由，不予專利或撤銷專利。

（ ）3. 與貿易有關之智慧財產權協定（以下簡稱本協定）之規定，下列敘述，何者錯誤？
(A) 本協定之會員有義務遵守巴黎公約中關於專利權保護之規定。
(B) 對專利撤銷或失權之任何決定，應給予司法審查之機會。
(C) 本協定之規定為最低度之保護標準，並不禁止會員對於智慧財產提供更廣泛之保護。
(D) 關於智慧財產權保護，會員給予其他會員國民之待遇不得高於其給予本國國民之待遇

（ ）4. 關於發明的單一性要件，下列敘述，何者錯誤？
(A) 二個以上之發明，於技術上相互關聯者，得於一申請案中提出申請。
(B) 二個以上之發明，於技術上有無相互關聯之判斷，會因其於不同之請求項記載或於單一請求項中以擇一形式記載而有差異。
(C) 所謂技術上相互關聯之發明，應包含一個或多個相同或對應之特別技術特徵。
(D) 違反發明單一性要件者，不構成得向專利專責機關提起舉發之事由。

（請沿虛線撕下）

（　）5. 依據專利法規定，下列敘述，何者非屬專利專責機關應於新型專利技術報告中判斷之情事？

(A) 系爭新型是否已於申請前見於刊物。

(B) 系爭新型是否已公開實施。

(C) 系爭新型是否為其所屬技術領域中具有通常知識者依申請前之先前技術所能輕易完成。

(D) 系爭新型是否為與申請在先而在其申請後始公開之發明專利申請案所附說明書載明之內容相同。

（　）6. 關於專利法保護之標的，下列敘述，何者錯誤？

(A)「一種化合物 A 之用途，其係用於製備治療疾病 X 之藥物」，可以申請新型專利。

(B)「一種化合物 A 之用途，其係用於製備治療疾病 X 之藥物」，可以申請發明專利。

(C) 汽車的車頭燈的外觀形狀，可以申請新型專利。

(D) 汽車的車頭燈的外觀形狀，可以申請設計專利。

（　）7. 關於與貿易有關之智慧財產權協定之規定，下列敘述，何者錯誤？

(A) 會員對工業設計保護為有限之例外規定時，應注意該例外規定不得不合理的牴觸受保護設計的正常利用，且並未不合理地損害受保護設計所有權人的合法利益。

(B) 專利權人有權讓與或以繼承方式移轉其專利權，及訂立授權契約。

(C) 司法機關對於明知，或可得而知之情況下，侵害他人智慧財產權之行為人，有權命令侵害人支付權利持有人相關費用，但該費用不應包括合理之律師費。

(D) 方法發明專利之民事侵權訴訟中，關於舉證責任轉換之規定，應考量被告之製造及營業秘密之合法權益。

（　　）8. 甲為 A 發明之專利權人，但實際上甲並非 A 發明之專利申請權人。關於此種情形之舉發，下列敘述，何者正確？

(A) 得以發明專利權人為非發明專利申請權人為由，提起舉發者，以利害關係人為限。

(B) 若該發明專利案公告已超過 2 年，不得再依專利法第 71 條第 1 項第 3 款規定提起舉發。

(C) 發明專利權經舉發撤銷確定後，自撤銷確定之日起失其效力。

(D) 發明專利權得提起舉發之情事，依提出專利申請時之規定。

（　　）9. 下列敘述，何者錯誤？

(A) 發明專利申請人對於因申請程序不合法或申請人不適格而不受理或駁回之審定有不服者，得逕依法提起行政救濟。

(B) 再審查時所為之修正，仍有不予專利之情事者，專利專責機關得逕為最後通知。

(C) 再審查時，專利專責機關應指定未曾審查原案之專利審查人員審查，並作成審定書送達申請人。

(D) 發明經審查涉及國防機密或其他國家安全之機密者，應諮詢國防部或國家安全相關機關意見，認有保密之必要者，申請書件予以封存，並無需為實體審查。

（　　）10. 某甲發明一種新的自行車可快拆花轂結構（以下簡稱 A 發明），於民國（下同）109 年 6 月 1 日向經濟部智慧財產局申請發明專利。針對下列何種情況，甲不得主張 A 發明仍符合新穎性要件？

(A) 甲於 108 年 10 月 1 日在新加坡舉辦的國際研討會上，公開發表 A 發明之技術原理。

(B) 甲於 109 年 5 月 1 日在新產品展示會上，展示安裝了 A 發明之自行車，並提供車友試騎。

(C) 甲之員工乙於 109 年 4 月 10 日將 A 發明之技術資料擅自攜出，洩漏給第三人知悉。

(D) 甲就 A 發明在外國提出他件專利申請，於 109 年 5 月 15 日因該他件專利申請案登載於專利公報而公開。

（　）11. 關於發明專利之公開，下列敘述，何者錯誤？

(A) 專利申請案如有主張二項以上優先權者，應於最晚之優先權日後經過 18 個月公開。

(B) 申請人自申請日後 15 個月內撤回申請案者，該發明專利申請案不予公開。

(C) 發明專利申請案公開後，如有非專利申請人為商業上之實施者，專利專責機關得依申請優先審查之。

(D) 發明專利申請人對於明知發明專利申請案已經公開，於公告前就該發明仍繼續為商業上實施之人，得於發明專利申請公告後，請求適當之補償金。

（　）12. 關於專利權侵害的救濟，下列敘述，何者正確？

(A) 專利物上若未標示專利證書號數，則不得請求損害賠償。

(B) 專利權人對進口之物有侵害其專利權之虞者，得以書面或口頭申請海關先予查扣。

(C) 專利權人若為外國法人，仍得依專利法提起民事侵權訴訟。

(D) 專利侵害的排除侵害請求權，若自請求權人知有損害及賠償義務人時起已超過 2 年而未行使，該請求權已罹於消滅時效。

（　）13. 下列敘述，何者正確？

(A) 申請發明或設計專利後改請新型專利者，或申請新型專利後改請發明專利者，以原申請案之申請日為改請案之申請日。

(B) 新型專利申請案經形式審查後，應作成審定書送達申請人。

(C) 新型專利技術報告之申請，於新型專利權當然消滅後，不得為之。

(D) 新型專利權人之專利權遭撤銷時，就其於撤銷前，因行使專利權所致他人之損害，一概應負賠償責任。

（　）14. X 發明為一種以一比三的比例混合 A 藥品與 B 藥品之醫藥組成物（以下將該醫藥品簡稱為 P 藥品）。下列敘述，何者為 X 發明專利權效力所及？

(A) 製藥公司為進行臨床試驗而製造 P 藥品。

(B) 藥師依據醫師處方箋，以一比三的比例混合 A 藥品與 B 藥品。

(C) 病患服用在藥局購買的 P 藥品。

(D) 藥廠為觀察 P 藥品之市場需求，而少量製造 P 藥品作為樣品試賣。

（　）15. 發明專利權人甲將 X 專利專屬授權給乙。下列敘述，何者正確？

(A) 乙如再授權給丙，必須向專利專責機關登記，否則不得對抗第三人。

(B) 若甲乙間僅口頭達成合意，未締結書面契約，則該授權契約不生效力。

(C) 在被授權範圍內，乙不得向侵害 X 專利之侵權人請求排除侵害。

(D) 在被授權範圍內，甲乙均有實施該發明之權利。

（　）16. 關於專利申請權之共有，下列敘述，何者錯誤？

(A) 二人以上共同為專利申請以外之專利相關程序時，皆應共同連署。

(B) 專利申請權為共有時，非經共有人全體之同意，不得讓與或拋棄。

(C) 專利申請權共有人非經其他共有人之同意，不得以其應有部分讓與他人。

(D) 專利申請權共有人拋棄其應有部分時，該部分歸屬其他共有人。

（　）17. 關於設計專利之申請，下列敘述，何者錯誤？

(A) 申請衍生設計專利後改請設計專利者，以原申請案之申請日為改請案之申請日。

(B) 衍生設計之申請日，不得早於原設計之申請日。

(C) 申請設計專利者，其說明書應載明設計名稱、物品用途、設計說明。

(D) 申請人就相同設計在美國第一次依法申請專利，並於第一次申請專利之日後第 10 個月，向我國申請專利者，得主張優先權。

（　）18. 關於發明專利權之申請專利範圍，下列敘述，何者錯誤？

(A) 發明專利權之申請專利範圍，得以一項以上之獨立項表示。

(B) 於解釋附屬項時，應包含所依附請求項之所有技術特徵。

(C) 請求項之技術特徵得引用圖式中對應之符號，該符號得作為解釋請求項之限制。

(D) 複數技術特徵組合之發明，其請求項之技術特徵，得以手段功能用語或步驟功能用語表示。

# 110年 高考歷屆試題精選

（　）1. 依與貿易有關之智慧財產權協定規定，關於智慧財產保護而言，一會員給予任一其他國家國民之任何利益、優惠、特權或豁免權，應立即且無條件地給予所有其他會員之國民。請問此一規定為何種原則？
(A) 國民待遇原則。
(B) 最惠國待遇原則。
(C) 互惠原則。
(D) 平等原則。

（　）2. 依與貿易有關之智慧財產權協定（以下簡稱本協定）之規定，下列敘述，何者錯誤？
(A) 會員基於保護公共秩序或道德之必要，為禁止某些發明於其境內商業利用，得不給予專利。
(B) 在符合本協定第27條第2、3項規定前提下，所有技術領域之發明，無論為物品或方法，於具備新穎性、進步性及可供產業上利用等要件下，應可取得專利。
(C) 關於專利之取得及專利權之享有，會員得考量發明地、技術領域、或產品是否為進口或在本地製造等因素，而有不同之規範。
(D) 會員得不予植物專利保護，但仍應立法給予植物品種保護。

（　）3. 下列有關專利之申請及其他程序等論述，何者錯誤？
(A) 申請人為相關專利之申請與其他程序，因遲誤指定期間在處分前補正者，仍應受理。
(B) 申請人因不可歸責於己之事由，遲誤法定期間者，應於其原因消滅後10日內，以書面敘明理由，向經濟部智慧財產局申請回復原狀。
(C) 申請回復原狀，應同時補行法定期間內應為之行為。
(D) 有關專利之申請與其他程序，得以電子方式為之；但其實施辦法，由經濟部定之。

（　　）4. 依巴黎公約之規定，下列敘述，何者正確？

(A) 任何人於任一同盟國家，已依法申請專利者（前案），於法定期間內向另一同盟國家申請時（後案），得享有優先權。但以後案申請人與前案申請人完全相同者為限。

(B) 優先權期間，應自首次申請案之申請日當天起算；新型專利優先權期間為 12 個月，工業設計優先權期間為 6 個月。

(C) 申請人主張複數優先權者，倘各該優先權係在若干不同國家內所獲得者，同盟國家得拒絕其優先權之主張。

(D) 工業設計申請案所據以主張之優先權之先申請案為新型申請案時，其優先權期間為 6 個月。

（　　）5. 下列關於巴黎公約規定之敘述，何者錯誤？

(A) 同盟國對於工業財產權維持費之繳納，應訂定至少 6 個月之繳費優惠期，惟權利人於該期間內應繳納額外費用。同盟國家並有權訂定因未繳費用致喪失專利之復權規定。

(B) 於 A 同盟國家內發現 B 同盟國家之陸上車輛偶然進入 A 國，而該陸上車輛之構造使用了受 A 同盟國家專利保護之設計者，該陸上車輛之使用者構成對 A 國設計專利權之侵害。

(C) 同盟國家應賦予工業設計保護，立法方式並不以專利法為限。

(D) 物品專利或製法專利，不得因其物品或其製成之物品係國內法所限制販售為由，而不予專利或撤銷專利。

（　　）6. 依與貿易有關之智慧財產權協定之規定，下列關於方法專利之敘述，何者錯誤？

(A) 於方法專利權侵害訴訟程序中，司法機關有權命被告舉證其係以不同製法取得與系爭方法專利所製相同之物品。

(B) 會員得規定，凡未獲專利人同意所製造之物品，視為被告所製造之物品係以該方法專利製造。但被告得舉反證推翻之。

(C) 會員得規定，如被告物品有相當的可能係以該方法專利製成，倘原告已盡合理努力而仍無法證明被告確實使用該方法專利製成物品時，視為被告物品係以該方法專利製造。

(D) 方法專利權人得禁止第三人未經其同意而使用、為販賣之要約、販賣或為上述目的而進口其方法直接製成之物品。

（　）7. 下列有關專利申請檢附之證明文件等論述，何者正確？

(A) 依法為專利申請並檢附之證明文件，應以影本為之。

(B) 優先權證明文件，不得以當事人釋明與原本或正本相同為替代，僅得以原本或正本為之。

(C) 舉發證據為書證影本者，不需證明與原本或正本相同。

(D) 應檢附證明文件之原本或正本，經經濟部智慧財產局驗證無訛後，乃由經濟部智慧財產局予以存參。

（　）8. 甲於 110 年 1 月間就其杯子設計造型（以下簡稱系爭設計）接受雜誌專訪，專訪內容包含甲的創作過程、理念以及設計的細節巧思，專訪文字內容經甲同意後刊載於同年 2 月 1 日出刊發行之雜誌。甲其後於同年 9 月 1 日以系爭設計向我國專利專責機關提出設計專利申請。下列敘述，何者正確？

(A) 甲得主張新穎性優惠期。

(B) 甲不得主張新穎性優惠期。

(C) 甲得主張國內優先權。

(D) 甲不得提出該設計專利申請。

（　）9. 下列有關專利申請日之敘述，何者正確？

(A) 申請發明專利，以申請書、說明書、申請專利範圍、摘要及必要之圖式齊備之日為申請日。

(B) 分割後之申請案，以原申請案之分割日為申請日。

(C) 專利案公告後 2 年內，真正發明人以發明專利權人為非發明專利申請權人為由提起舉發，並於舉發撤銷確定後 2 個月內就相同發明申請專利者，以該經撤銷確定之發明專利權之申請日為其申請日。

(D) 專利說明書未於申請時提出中文本，而以外文本提出，倘未於專利專責機關指定期間內補正，但於專利專責機關不受理處分前補正者，以外文本提出之日為申請日。

( ) 10. 下列何者非屬專利專責機關得依申請廢止強制授權之事由？

(A) 作成強制授權之事實變更，致無強制授權之必要。

(B) 中央目的事業主管機關認無強制授權之必要，通知專利專責機關時。

(C) 被授權人未依授權之內容適當實施。

(D) 被授權人未依專利專責機關之審定支付補償金。

( ) 11. 同一人有二個以上近似之設計，得申請設計專利及其衍生設計專利。下列敘述，何者錯誤？

(A) 衍生設計之申請，可與原設計同時提出申請，但至遲應於原設計專利公告日之前提出。

(B) 原設計申請案經申請人撤回者，不得申請衍生設計專利；其已申請者，應不予衍生設計專利。

(C) 縱原設計專利權有未繳交專利年費或因 棄致當然消滅者，或經撤銷確定者，衍生設計專利權仍繼續存續，不受影響。

(D) 衍生設計專利權期限始於申請日，而與其原設計專利權期限同時屆滿。

( ) 12. 甲於 110 年 2 月 3 日向我國專利專責機關提出發明專利申請（以下簡稱先申請案），其後甲就該先申請案進一步為補充改良，今甲欲就其補充改良之成果，再提出發明專利申請（以下簡稱後申請案），並擬就先申請案申請時說明書、申請專利範圍或圖式所載之發明，主張國內優先權。下列敘述，何者正確？

(A) 甲至遲應於 111 年 2 月 3 日前向我國專利專責機關提出後申請案，始得主張國內優先權。

(B) 甲至遲應於 111 年 2 月 4 日前向我國專利專責機關提出後申請案，始得主張國內優先權。

(C) 甲至遲應於 111 年 5 月 3 日前向我國專利專責機關提出後申請案，始得主張國內優先權。

(D) 甲至遲應於 111 年 5 月 4 日前向我國專利專責機關提出後申請案，始得主張國內優先權。

（　　）13. 申請專利之發明，實質上為 2 個以上之發明時，經專利專責機關通知，或據申請人申請，得為分割之申請。下列敘述，何者錯誤？

(A) 原申請案在審查審定前，或再審查核准審定書送達後 3 個月內，得提出分割申請。

(B) 原申請案主張優惠期者，分割案仍得主張優惠期。

(C) 於原申請案申請日後逾 3 年申請分割者，仍得於申請分割之日後 30 日內申請實體審查。

(D) 分割案，仍以原申請案之申請日為申請日。原申請案已有主張生物材料寄存者，分割案得逕援用原申請案所附之生物材料寄存證明文件。

（　　）14. 甲於 108 年 9 月 13 日提出一發明專利申請，專利專責機關於 109 年 12 月 20 日將發明專利申請案之核准審定書送達申請人，下列敘述，何者正確？

(A) 申請人至遲應於 110 年 3 月 21 日前繳納證書費及第 1 年專利年費。

(B) 若申請人主張非因故意，致未能於期限內繳費領證，得於 110 年 9 月 20 日前繳納證書費及 2 倍之第 1 年專利年費辦理領證。

(C) 取得專利權後，專利權期限為 109 年 12 月 20 日起至 128 年 9 月 12 日。

(D) 第 2 年以後之專利年費，未於應繳納專利年費之期間內繳費者，得於期滿後 3 個月內補繳之。

（　　）15. 甲於 109 年 10 月 1 日就相同創作於我國同日分別申請發明專利及新型專利，並於申請時分別聲明。110 年 3 月 1 日經專利專責機關公告准予新型專利權後，甲於 110 年 4 月 1 日將該新型專利權讓與乙。嗣前述發明專利申請案經專利專責機關審查後，擬予核准審定。倘該新型專利權仍為有效，下列敘述，何者正確？

(A) 專利專責機關應通知甲限期擇一，屆期未擇一者，不予發明專利。

(B) 專利專責機關應通知乙限期擇一，屆期未擇一者，不予發明專利。

(C) 專利專責機關應逕就該發明申請案為不予專利之審定。

(D) 專利專責機關應通知甲、乙限期協議定之。協議不成或屆期未申報協議結果者，不予發明專利。

（　　）16. 下列有關新型專利技術報告之敘述，何者錯誤？

(A) 必須待新型專利申請案經公告後，任何人始得申請新型專利技術報告。

(B) 新型專利權當然消滅，或經舉發撤銷確定後，任何人仍得申請新型專利技術報告，專利專責機關應受理新型專利報告之申請。

(C) 新型專利技術報告依法僅就請求項是否符合新穎性要件中已見於刊物者、擬制喪失新穎性、進步性及先申請原則之事項予以比對。

(D) 非專利權人有商業上之實施，申請人得於申請新型專利技術報告時，一併敘明事實並檢附相關證明文件，例如：非專利權人之廣告目錄資料，專利專責機關應於 6 個月內完成新型專利技術報告。

（　　）17. 下列關於發明人享有姓名表示權等敘述，何者正確？

(A) 受雇人在職務上完成之發明，若契約另有約定，其專利權與專利申請權歸發明人所有者，雇用人享有姓名表示權。

(B) 出資聘請他人從事研究開發者，依雙方契約約定，其專利權與專利申請權歸屬於出資人者，發明人享有姓名表示權。

(C) 受雇人在職務上完成之發明，若其專利權與專利申請權歸屬於雇用人者，雇用人仍享有姓名表示權。

(D) 出資聘請他人從事研究開發者，若契約未約定，其專利權與專利申請權歸屬於發明人者，出資人享有姓名表示權。

（　　）18. 下列有關因受雇人於職務上或非職務上完成之設計，且其與雇用人或出資人間所訂契約或所寄送書面通知等敘述，何者錯誤？

(A) 受雇人於職務上完成之設計，得以契約約定受雇人享有專利申請權及專利權。

(B) 受雇人完成非職務上之設計，得選擇以書面通知雇用人，並無必要且無義務告知創作之過程。

(C) 出資人聘請他人從事研究開發者，得以契約約定出資人享有專利申請權及專利權。

(D) 受雇人於非職務上完成之設計，且其與雇用人間簽訂使受雇人不得享有其設計權益之契約者，為無效。

# 111 年 高考歷屆試題精選

( ) 1. 下列關於發明專利權共有之敘述，何者正確？

(A) 發明專利權不得共有。

(B) 發明專利權為共有時，共有人不得自己實施專利權。

(C) 發明專利權共有人不得拋棄其應有部分。

(D) 發明專利權共有人拋棄其應有部分時，該部分屬於其他共有人。

( ) 2. 發明專利權人得申請更正之事項，不包括下列何種情形？

(A) 請求項之刪除。

(B) 不明瞭事項之釋明。

(C) 申請專利範圍之補充。

(D) 誤記或誤譯之訂正。

( ) 3. 以下有關巴黎公約強制授權之敘述，何者正確？

(A) 巴黎公約並未規定強制授權。

(B) 巴黎公約規定得以專利權人未充分實施為由，申請強制授權。

(C) 巴黎公約規定專利權期間均可強制授權。

(D) 巴黎公約規定新型專利不得申請強制授權。

( ) 4. 甲受雇於乙公司負責研發工作，其於職務上所完成之發明，如契約未另有約定，則其申請權及專利權人為：

(A) 申請權人為甲；專利權人為乙。

(B) 申請權人及專利權人均為乙。

(C) 申請權人為乙；專利權人為甲。

(D) 申請權人及專利權人均為甲。

( ) 5. 有關專利法之規定，下列何者不正確？

(A) 舉發人補提理由或證據，應於舉發後三個月內為之，逾期提出者，不予審酌。

(B) 舉發人在舉發審定前提出之理由或證據，不應審酌。

(C) 以發明專利權人為非發明專利申請權人而提起舉發者，限於利害關係人始得為之。

(D) 舉發案件審查期間，專利權人僅得於通知答辯、補充答辯或申復期間申請更正。但發明專利權有訴訟案件繫屬中，不在此限。

（　　）6. 設計專利保護之對象不包括：

(A) 物體之功能。

(B) 物體之全部外觀設計。

(C) 物體之部分外觀設計。

(D) 物體之花紋與色彩之結合。

（　　）7. 下列有關衍生設計之敘述，何者正確？

(A) 衍生設計專利權不得單獨主張。

(B) 衍生設計專利權得單獨讓與。

(C) 申請衍生設計專利，於原設計專利公告後，不得為之。

(D) 衍生設計專利權期限與原設計專利分開計算。

（　　）8. 甲係專利權人，於民國（下同）105 年至 107 年專屬授權予乙；於 108 年至 109 年非專屬授權予丙，請問甲在上開期間何時可實施自己的專利？

(A)105 年至 109 年。

(B)105 年至 107 年。

(C)108 年至 109 年。

(D) 甲在 105 年至 109 年都不可以實施自己的專利權。

（　　）9. 下列有關新型專利之敘述，何者正確？

(A) 新型專利經公告後，任何人均得申請新型專利技術報告。

(B) 新型專利權期限為自申請日起 12 年。

(C) 新型專利可以申請實體審查。

(D) 申請新型專利後不得改請為發明專利。

（　　）10. 與貿易有關之智慧財產協定規定會員得不予專利之標的不包括：

(A) 微生物學之育成方法。

(B) 對人類疾病之診斷、治療及手術方法。

(C) 對動物疾病之診斷、治療及手術方法。

(D) 動、植物之主要生物學方法。

（　　）11. 依專利法施行細則相關條文之規定，下列何者不正確？

(A) 說明書得於各段落前，以置於中括號內之連續四位數之阿拉伯數字編號依序排列，以明確識別每一段落。

(B) 獨立項應敘明申請專利之標的名稱及申請人所認定之發明之必要技術特徵。

(C) 請求項之技術特徵得引用圖式中對應之符號，該符號應附加於對應之技術特徵後，並置於括號內；該符號得作為解釋請求項之限制。

(D) 摘要，應簡要敘明發明所揭露之內容，並以所欲解決之問題、解決問題之技術手段及主要用途為限；其字數，以不超過二百五十字為原則。

（　　）12. 下列何者為發明專利權之效力所不及之情事？

(A) 非出於商業目的之行為。

(B) 以研究或實驗為目的實施發明之行為。

(C) 非專利申請權人所得專利權，因專利權人舉發而撤銷時，其被授權人在舉發前，在國內實施或已完成必須之準備者。

(D) 以取得藥事法所定藥物查驗登記許可為目的，而從事之研究、試驗及其必要行為。

（　　）13. 依專利法關於侵害專利權之財產上損害賠償之規定，下列何者不正確？

(A) 專利權人不能提供證據方法以證明其損害時，發明專利權人得就其實施專利權通常所可獲得之利益，減除受害後實施同一專利權所得之利益，以其差額為所受損害。

(B) 專利權人得以侵權行為人因侵害行為所得之利益，作為損害賠償之範圍，此為總利益說。

(C) 懲罰性損害賠償額之上限為損害賠償之 3 倍，惟當事人得合意提高。

(D) 專利權人對於因故意或過失侵害其專利權者得請求損害賠償，該請求權的消滅時效期間為自請求權人知有損害及賠償義務人時起，二年間不行使而消滅；自行為時起，逾十年者，亦同。

（　　）14. 有關發明專利、新型專利和設計專利之優先權，下列何者不正確？

(A) 我國係依「與貿易有關之智慧財產權協定」第 2 條第 1 項之規定而適用「保護工業財產權之巴黎公約」第 4 條關於優先權之規定。

(B) 發明專利和新型專利之國際優先權期間皆為十二個月，設計專利之國際優先權期間為六個月。

(C) 發明專利、新型專利和設計專利之優先權期間皆自第一次申請之日起算。

(D) 發明專利和新型專利提交優先權文件之期間皆為十六個月，設計專利提交優先權文件之期間為十個月。

（　　）15. 有關專利法所規定之新穎性要求，下列何者不正確？

(A) 我國專利法採絕對新穎性要件。

(B) 我國專利法就設計專利不喪失新穎性之優惠期限為十二個月。

(C) 我國專利法就發明及新型專利之優惠期適用範圍包含新穎性及進步性。

(D) 我國專利法基於一發明僅能授予一專利權之原則，故擬制後申請案喪失新穎性。

（　　）16. 下列關於早期公開制度，何者不正確？

(A) 發明專利在進入程式審查前，只要自申請日後經過 18 個月即應公開。

(B) 發明專利申請自申請日後 15 個月撤回者，不予公開。

(C) 發明專利如合法主張優先權日，則早期公開期間自優先權日計算。

(D) 發明專利妨害公共秩序或善良風俗，不予公開。